KB147732

제2판

떡제조기능사 자격증 완벽 대비

떡제조기능사 필기·실기

이미정·부경여 공저

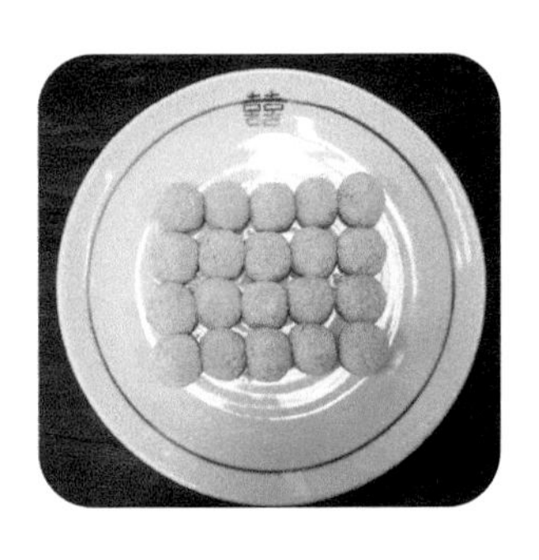

(주)백산출판사

머리말

떡은 우리나라에서 명절이나 중요한 경조사가 있을 때 만들어 먹던 고유의 음식입니다.

요즈음에는 떡 전문점뿐만 아니라 떡의 고급스러움을 지향하고 떡의 다양화를 적용한 떡카페 등도 많이 생기는 추세로 많은 분들이 떡에 대해 관심을 갖게 되었습니다.

우리나라는 2019년부터 국가기술자격시험으로 "떡제조기능사"가 실시되기 시작했고, 점점 더 많은 분들이 자격증 취득에 관심을 갖게 되었습니다.

평소 떡에 관심이 있고 관련 일을 하시는 분들에게 이 자격증은 떡에 대한 체계적인 공부를 할 수 있는 좋은 계기가 되리라 생각합니다.

이 교재는 "떡제조기능사" 시험을 준비하시는 분들에게 이론시험에 대비할 수 있도록 "이론편"에서 "떡 제조 기초이론" 등에 대하여 다양한 내용을 담아 구성하였고, 필기 기출문제를 해설과 함께 실어 학습에 도움이 되고자 하였습니다. 또한 예상되는 실기시험 품목을 "실기편"에서 자세한 과정사진과 함께 수록하여 자격시험 준비에 어려움이 없도록 하였습니다.

모쪼록 이 교재가 "떡제조기능사" 자격증 시험을 준비하시는 모든 분들에게 많은 도움이 되길 바라며, 합격의 기쁨을 드릴 수 있기를 기원합니다.

끝으로, 이 책의 출판을 위해 도움을 주신 백산출판사 진욱상 사장님과 직원 여러분께 깊은 감사의 인사를 전합니다.

저자 일동

차례

I 이론편

II 실기편

III 기출문제

출제기준(필기)

직무분야	식품가공	중직무분야	제과 · 제빵	자격종목	떡제조기능사	적용기간	2022.1.1.~ 2026.12.31.
직무내용	곡류, 두류, 과채류 등과 같은 재료를 이용하여 식품위생과 개인안전관리에 유의하여 빻기, 찌기, 발효, 지지기, 치기, 삶기 등의 공정을 거쳐 각종 떡류를 만드는 직무이다.						
필기검정방법			객관식	문제수	60	시험시간	1시간

필기 과목명	출제 문제수	주요항목	세부항목	세세항목
떡 제조 및 위생 관리	60	1. 떡 제조 기초이론	1. 떡류 재료의 이해	1. 주재료(곡류)의 특성(기존) 2. 주재료(곡류)의 성분 3. 주재료(곡류)의 조리원리 4. 부재료의 종류 및 특성(기존) 5. 과채류의 종류 및 특성 6. 견과류·종실류의 종류 및 특성 7. 두류의 종류 및 특성 8. 떡류 재료의 영양학적 특성
			2. 떡의 분류 및 제조 도구	1. 떡의 종류 2. 제조기기(롤밀, 제병기, 펀칭기 등)의 종류 및 용도 3. 전통도구의 종류 및 용도
		2. 떡류 만들기	1. 재료준비	1. 재료관리 2. 재료의 전처리
			2. 고물 만들기	1. 찌는 고물 제조과정 2. 삶는 고물 제조과정 3. 볶는 고물 제조과정
			3. 떡류 만들기	1. 찌는 떡류(설기떡, 켜떡 등) 제조과정 2. 치는 떡류(인절미, 절편, 가래떡 등) 제조과정 3. 빚는 떡류(찌는 떡, 삶는 떡) 제조과정 4. 지지는 떡류 제조과정 5. 기타 떡류(약밥, 증편 등)의 제조과정
			4. 떡류 포장 및 보관	1. 떡류 포장 및 보관 시 주의사항 2. 떡류 포장 재료의 특성
		3. 위생 · 안전관리	1. 개인 위생관리	1. 개인 위생관리 방법 2. 오염 및 변질의 원인 3. 감염병 및 식중독의 원인과 예방대책

필기 과목명	출제 문제수	주요항목	세부항목	세세항목
			2. 작업 환경 위생 관리	1. 공정별 위해요소 관리 및 예방(HACCP)
			3. 안전관리	1. 개인 안전 점검 2. 도구 및 장비류의 안전 점검
		4. 우리나라 떡의 역사 및 문화	1. 떡의 역사	1. 시대별 떡의 역사
			2. 시·절식으로서의 떡	1. 시식으로서의 떡 2. 절식으로서의 떡
			3. 통과의례와 떡	1. 출생, 백일, 첫돌 떡의 종류 및 의미 2. 책례, 관례, 혼례 떡의 종류 및 의미 3. 회갑, 회혼례 떡의 종류 및 의미 4. 상례, 제례 떡의 종류 및 의미
			4. 향토 떡	1. 전통 향토 떡의 특징 2. 향토 떡의 유래

출제기준(실기)

직무분야	식품가공	중직무분야	제과 · 제빵	자격종목	떡제조기능사	적용기간	2022.1.1.~ 2026.12.31.
직무내용	곡류, 두류, 과채류 등과 같은 재료를 이용하여 식품위생과 개인안전관리에 유의하여 빻기, 찌기, 발효, 지지기, 치기, 삶기 등의 공정을 거쳐 각종 떡류를 만드는 직무이다.						
수행준거	1. 재료를 계량하여 전처리한 후 빻기 과정을 거쳐 준비할 수 있다. 2. 떡의 모양과 맛을 향상시키기 위하여 첨가하는 부재료를 찌기, 볶기, 삶기 등의 각각의 과정을 거쳐 고물을 만들 수 있다. 3. 준비된 재료를 찌기, 치기, 삶기, 지지기, 빚기 과정을 거쳐 떡을 만들 수 있다. 4. 식품가공의 작업장, 가공기계·설비 및 작업자의 개인위생을 유지하고 관리할 수 있다. 5. 식품가공에서 개인 안전, 화재 예방, 도구 및 장비안전 준수를 할 수 있다. 6. 고객의 건강한 간식 및 식사대용의 제품을 생산하기 위하여 재료의 준비와 제조과정을 거쳐 상품을 만들 수 있다.						
실기검정방법			작업형	시험시간			3시간 정도

실기 과목명	주요항목	세부항목	세세항목
떡제조 실무	1. 설기떡류 만들기	1. 설기떡류 재료 준비하기	1. 설기떡류 제조에 적합하도록 작업기준서에 따라 필요한 재료를 준비할 수 있다. 2. 생산량에 따라 배합표를 작성할 수 있다. 3. 설기떡류 작업기준서에 따라 부재료의 특성을 고려하여 전처리할 수 있다. 4. 떡의 특성에 따라 물에 불리는 시간을 조정하고 소금을 첨가할 수 있다.
		2. 설기떡류 재료 계량하기	1. 배합표에 따라 설기떡류 제품별로 필요한 각 재료를 계량할 수 있다. 2. 배합표에 따라 부재료 첨가에 따른 물의 양을 조절할 수 있다. 3. 배합표에 따라 생산량을 고려하여 소금·설탕의 양을 조절할 수 있다.
		3. 설기떡류 빻기	1. 배합표에 따라 생산량을 고려하여 빻을 양을 계산하고 소금과 물을 첨가하여 빻을 수 있다. 2. 설기떡류 작업기준서에 따라 제품의 특성에 맞춰 빻는 횟수를 조절할 수 있다. 3. 재료의 특성에 따라 체질의 횟수를 조절하고 체눈의 크기를 선택하여 사용할 수 있다.
		4. 설기떡류 찌기	1. 설기떡류 작업기준서에 따라 준비된 재료를 찜기에 넣고 골고루 펴서 안칠 수 있다. 2. 설기떡류 작업기준서에 따라 최종 포장단위를 고려하여 찜기에 안쳐진 설기떡류를 찌기 전에 얇은 칼을 이용하여 분할할 수 있다.

실기 과목명	주요항목	세부항목	세세항목
			3. 설기떡류 작업기준서에 따라 제품특성을 고려하여 찌는 시간과 온도를 조절할 수 있다. 4. 설기떡류 작업기준서에 따라 제품특성을 고려하여 면포자기나 찜기의 뚜껑을 덮어 제품의 수분을 조절할 수 있다.
		5. 설기떡류 마무리하기	1. 설기떡류 작업기준서에 따라 제품 이동 시에도 모양이 흐트러지지 않도록 포장할 수 있다. 2. 설기떡류 작업기준서에 따라 제품 특징에 맞는 포장지를 선택하여 포장할 수 있다. 3. 설기떡류 작업기준서에 따라 제품의 품질 유지를 위해 표기사항을 표시하여 포장할 수 있다.
	2. 켜떡류 만들기	1. 켜떡류 재료 준비하기	1. 켜떡류 제조에 적합하도록 작업기준서에 따라 필요한 재료를 준비할 수 있다. 2. 생산량에 따라 배합표를 작성할 수 있다. 3. 켜떡류 작업기준서에 따라 부재료의 특성을 고려하여 전처리할 수 있다. 4. 켜떡류의 종류와 특성에 따라 물에 불리는 시간을 조정하고 소금을 첨가할 수 있다.
		2. 켜떡류 재료 계량하기	1. 배합표에 따라 제품별로 필요한 각 재료를 계량할 수 있다. 2. 배합표에 따라 부재료 첨가에 따른 물의 양을 조절할 수 있다. 3. 배합표에 따라 생산량을 고려하여 소금 · 설탕의 양을 조절할 수 있다.
		3. 켜떡류 빻기	1. 배합표에 따라 생산량을 고려하여 빻을 양을 계산하고 소금과 물을 첨가하여 빻을 수 있다. 2. 켜떡류 작업기준서에 따라 제품의 특성에 맞춰 빻는 횟수를 조절할 수 있다. 3. 재료의 특성에 따라 체질의 횟수를 조절하고 체눈의 크기를 선택하여 사용할 수 있다.
		4. 켜떡류 고물 준비하기	1. 켜떡류 작업기준서에 따라 사용될 고물 재료를 준비할 수 있다.
		5. 켜떡류 켜 안치기	1. 켜떡류 작업기준서에 따라 빻은 재료와 고물을 안칠 켜의 수만큼 분할할 수 있다. 2. 켜떡류 작업기준서에 따라 찜기 밑에 시루포를 깔고 고물을 뿌릴 수 있다. 3. 켜떡류 작업기준서에 따라 뿌린 고물 위에 준비된 주재료를 뿌릴 수 있다. 4. 켜떡류 작업기준서에 따라 켜만큼 번갈아 가며 찜기에 켜켜이 채울 수 있다. 5. 켜떡류 작업기준서에 따라 찜기에 안칠 수 있다.
		6. 켜떡류 찌기	1. 준비된 재료를 켜떡류 작업기준서에 따라 찜기에 넣고 골고루 펴서 안칠 수 있다. 2. 켜떡류 작업기준서에 따라 최종 포장단위를 고려하여 찜기에 안쳐진 멥쌀 켜떡류는 찌기 전에 얇은 칼을 이용하여 분할하고, 찹쌀이 들어가면 찐 후 분할할 수 있다.

실기 과목명	주요항목	세부항목	세세항목
			3. 켜떡류 작업기준서에 따라 제품특성을 고려하여 찌는 시간과 온도를 조절할 수 있다. 4. 켜떡류 작업기준서에 따라 제품특성을 고려하여 면포자기를 덮어 제품의 수분을 조절할 수 있다.
		7. 켜떡류 마무리하기	1. 켜떡류 작업기준서에 따라 제품 이동 시에도 모양이 흐트러지지 않도록 포장할 수 있다. 2. 켜떡류 작업기준서에 따라 제품 특징에 맞는 포장지를 선택하여 포장할 수 있다. 3. 켜떡류 작업기준서에 따라 제품의 품질 유지를 위해 표기사항을 표시하여 포장할 수 있다.
	3. 빚어 찌는 떡류 만들기	1. 빚어 찌는 떡류 재료 준비하기	1. 빚어 찌는 떡류 제조에 적합하도록 작업기준서에 따라 필요한 재료를 준비할 수 있다. 2. 생산량에 따라 배합표를 작성할 수 있다. 3. 빚어 찌는 떡류 작업기준서에 따라 부재료의 특성을 고려하여 전처리할 수 있다. 4. 빚어 찌는 떡의 종류와 특성에 따라 물에 불리는 시간을 조정하고 소금을 첨가할 수 있다.
		2. 빚어 찌는 떡류 재료 계량하기	1. 배합표에 따라 제품별로 필요한 각 재료를 계량할 수 있다. 2. 배합표에 따라 겉피와 속고물의 수분 평형을 고려하여 첨가되는 물의 양을 조절할 수 있다. 3. 배합표에 따라 생산량을 고려하여 소금 · 설탕의 양을 조절할 수 있다.
		3. 빚어 찌는 떡류 빻기	1. 배합표에 따라 생산량을 고려하여 빻을 양을 계산하고 소금과 물을 첨가하여 빻을 수 있다. 2. 빚어 찌는 떡류 작업기준서에 따라 제품의 특성에 맞춰 빻는 횟수를 조절할 수 있다. 3. 배합표에 따라 겉피에 첨가되는 부재료의 특성을 고려하여 전처리한 재료를 사용할 수 있다.
		4. 빚어 찌는 떡류 반죽하기	1. 빚어 찌는 떡류 작업기준서에 따라 익반죽 또는 생반죽할 수 있다. 2. 배합표에 따라 물의 양을 조절하여 반죽할 수 있다. 3. 배합표에 따라 속고물과 겉피의 수분비율을 조절하여 반죽할 수 있다.
		5. 빚어 찌는 떡류 빚기	1. 빚어 찌는 떡류 작업기준서에 따라 빚어 찌는 떡류의 크기와 모양을 조절하여 빚을 수 있다. 2. 빚어 찌는 떡류 작업기준서에 따라 겉편과 속편의 양을 조절하여 빚을 수 있다. 3. 빚어 찌는 떡류 작업기준서에 따라 부재료의 특성을 살려 색을 조화롭게 빚어낼 수 있다.
		6. 빚어 찌는 떡류 찌기	1. 빚어 찌는 떡류 작업기준서에 따라 제품특성을 고려하여 찌는 시간과 온도를 조절할 수 있다. 2. 빚어 찌는 떡류 작업기준서에 따라 제품특성을 고려하여 면포자기를 덮어 제품의 수분을 조절할 수 있다.

실기 과목명	주요항목	세부항목	세세항목
			3. 빚어 찌는 떡류 작업기준서에 따라 풍미를 높이기 위해 부재료를 첨가할 수 있다. 4. 빚어 찌는 떡류 작업기준서에 따라 제품이 서로 붙지 않게 간격을 조절하여 찔 수 있다.
		7. 빚어 찌는 떡류 마무리하기	1. 빚어 찌는 떡류 작업기준서에 따라 찐 후 냉수에 빨리 식힌다. 2. 빚어 찌는 떡류 작업기준서에 따라 물기가 제거되면 참기름을 바를 수 있다. 3. 빚어 찌는 떡류 작업기준서에 따라 제품의 품질 유지를 위해 표기 사항을 표시하여 포장할 수 있다.
	4. 빚어 삶는 떡류 만들기	1. 빚어 삶는 떡류 재료 준비하기	1. 빚어 삶는 떡류 제조에 적합하도록 작업기준서에 따라 필요한 재료를 준비할 수 있다. 2. 생산량에 따라 배합표를 작성할 수 있다. 3. 빚어 삶는 떡류 작업기준서에 따라 부재료의 특성을 고려하여 전처리할 수 있다. 4. 빚어 삶는 떡의 종류와 특성에 따라 물에 불리는 시간을 조정하고 소금을 첨가할 수 있다.
		2. 빚어 삶는 떡류 재료 계량하기	1. 배합표에 따라 제품별로 필요한 각 재료를 계량할 수 있다. 2. 배합표에 따라 떡류의 수분 평형을 고려하여 첨가되는 물의 양을 조절할 수 있다. 3. 배합표에 따라 생산량을 고려하여 소금의 양을 조절할 수 있다.
		3. 빚어 삶는 떡류 빻기	1. 배합표에 따라 생산량을 고려하여 빻을 양을 계산하고 소금과 물을 첨가하여 빻을 수 있다. 2. 빚어 삶는 떡류 작업기준서에 따라 제품의 특성에 맞춰 빻는 횟수를 조절할 수 있다. 3. 배합표에 따라 빚어 삶는 떡류에 첨가되는 부재료의 특성을 고려하여 전처리한 재료를 사용할 수 있다.
		4. 빚어 삶는 떡류 반죽하기	1. 빚어 삶는 떡류 작업기준서에 따라 익반죽 또는 생반죽할 수 있다. 2. 배합표에 따라 물의 양을 조절하여 반죽할 수 있다. 3. 배합표에 따라 빚어 삶는 떡류의 수분비율을 조절하여 반죽할 수 있다.
		5. 빚어 삶는 떡류 빚기	1. 빚어 삶는 떡류 작업기준서에 따라 빚어 삶는 떡류의 크기와 모양을 조절하여 빚을 수 있다. 2. 빚어 삶는 떡류 작업기준서에 따라 부재료의 특성을 살려 빚어낼 수 있다.
		6. 빚어 삶는 떡류 삶기	1. 빚어 삶는 떡류 작업기준서에 따라 제품특성을 고려하여 삶는 시간과 온도를 조절할 수 있다. 2. 빚어 삶는 떡류 작업기준서에 따라 풍미를 높이기 위해 부재료를 첨가할 수 있다. 3. 빚어 삶는 떡류 작업기준서에 따라 제품이 서로 붙지 않게 저어가며 삶을 수 있다.
		7. 빚어 삶는 떡류 마무리하기	1. 작업기준서에 따라 빚은 떡을 삶은 후 냉수에 빨리 식힐 수 있다.

실기 과목명	주요항목	세부항목	세세항목
			2. 빚어 삶는 떡류 작업기준서에 따라 물기를 제거하여 고물을 묻힐 수 있다. 3. 빚어 삶는 떡류 작업기준서에 따라 제품의 품질 유지를 위해 표기사항을 표시하여 포장할 수 있다.
	5. 약밥 만들기	1. 약밥 재료 준비하기	1. 약밥 만들기 제조에 적합하도록 작업기준서에 따라 필요한 재료를 준비할 수 있다. 2. 생산량에 따라 배합표를 작성할 수 있다. 3. 배합표에 따라 부재료를 필요한 양만큼 준비할 수 있다. 4. 약밥 만들기 작업기준서에 따라 부재료의 특성을 고려하여 전처리할 수 있다. 5. 약밥 만들기 작업기준서에 따라 찹쌀을 물에 불린 후 건져 물기를 빼고 소금을 첨가하여 찜기에 쪄서 준비할 수 있다. 6. 배합표에 따라 황설탕, 계핏가루, 진간장, 대추 삶은 물(대추고), 캐러멜 소스, 꿀, 참기름을 준비할 수 있다.
		2. 약밥 재료 계량하기	1. 배합표에 따라 쪄서 준비한 재료를 계량할 수 있다. 2. 배합표에 따라 전처리된 부재료를 계량할 수 있다. 3. 배합표에 따라 황설탕, 계핏가루, 진간장, 대추 삶은 물(대추고), 캐러멜 소스, 꿀, 참기름을 계량할 수 있다.
		3. 약밥 혼합하기	1. 약밥 만들기 작업기준서에 따라 찹쌀을 찔 수 있다. 2. 약밥 만들기 작업기준서에 따라 계량된 황설탕, 계핏가루, 진간장, 대추 삶은 물(대추고), 캐러멜 소스, 꿀, 참기름을 넣어 혼합할 수 있다. 3. 약밥 만들기 작업기준서에 따라 혼합한 재료를 맛과 색이 잘 스며들도록 관리할 수 있다.
		4. 약밥 찌기	1. 약밥 만들기 작업기준서에 따라 혼합된 재료를 찜기에 넣고 골고루 펴서 안칠 수 있다. 2. 약밥 만들기 작업기준서에 따라 제품특성을 고려하여 찌는 시간과 온도를 조절할 수 있다. 3. 약밥 만들기 작업기준서에 따라 제품특성을 고려하여 면포자기를 덮어 제품의 수분을 조절할 수 있다.
		5. 약밥 마무리하기	1. 약밥 만들기 작업기준서에 따라 완성된 약밥의 크기와 모양을 조절하여 포장할 수 있다. 2. 약밥 만들기 작업기준서에 따라 제품 특징에 맞는 포장지를 선택하여 포장할 수 있다. 3. 약밥 만들기 작업기준서에 따라 제품의 품질 유지를 위해 표기사항을 표시하여 포장할 수 있다.
	6. 인절미 만들기	1. 인절미 재료 준비하기	1. 인절미 제조에 적합하도록 작업기준서에 따라 필요한 찹쌀과 고물을 준비할 수 있다. 2. 생산량에 따라 배합표를 작성할 수 있다. 3. 인절미 작업기준서에 따라 부재료의 특성을 고려하여 전처리할 수 있다. 4. 인절미의 특성에 따라 물에 불리는 시간을 조정하고 소금을 가할 수 있다.

실기 과목명	주요항목	세부항목	세세항목
		2. 인절미 재료 계량하기	1. 배합표에 따라 제품별로 필요한 각 재료를 계량할 수 있다. 2. 배합표에 따라 부재료 첨가에 따른 물의 양을 조절할 수 있다. 3. 배합표에 따라 생산량을 고려하여 소금의 양을 조절할 수 있다. 4. 배합표에 따라 인절미에 첨가되는 전처리된 부재료를 계량하여 사용할 수 있다.
		3. 인절미 빻기	1. 배합표에 따라 생산량을 고려하여 빻을 재료의 양을 계산하고 소금과 물을 첨가하여 빻을 수 있다. 2. 인절미 작업기준서에 따라 제품의 특성에 맞춰 빻는 횟수를 조절할 수 있다. 3. 제품의 특성에 따라 1, 2차 빻기 작업 수행 시 분쇄기의 롤 간격을 조절할 수 있다. 4. 인절미 작업기준서에 따라 불린 쌀 대신 전처리 제조된 재료를 사용할 경우 불리는 공정과 빻기의 공정을 생략한다.
		4. 인절미 찌기	1. 인절미류 작업기준서에 따라 찹쌀가루를 뭉쳐서 안칠 수 있다. 2. 인절미류 작업기준서에 따라 제품특성을 고려하여 찌는 온도와 시간을 조절하여 찔 수 있다.
		5. 인절미 성형하기	1. 인절미류 작업기준서에 따라 익힌 떡 반죽을 쳐서 물성을 조절할 수 있다. 2. 인절미류 작업기준서에 따라 제품을 식힐 수 있다. 3. 인절미류 작업기준서에 따라 제품특성에 따라 절단할 수 있다.
		6. 인절미 마무리하기	1. 인절미류 작업기준서에 따라 고물을 묻힐 수 있다. 2. 인절미류 작업기준서에 따라 포장할 수 있다. 3. 인절미류 작업기준서에 따라 표기사항을 표시할 수 있다.
	7. 고물류 만들기	1. 찌는 고물류 만들기	1. 작업기준서와 생산량에 따라 배합표를 작성할 수 있다. 2. 작업기준서에 따라 필요한 재료를 준비할 수 있다. 3. 재료의 특성을 고려하여 전처리할 수 있다. 4. 전처리된 재료를 찜기에 넣어 찔 수 있다. 5. 작업기준서에 따라 제품특성을 고려하여 찌는 시간과 온도를 조절할 수 있다. 6. 찐 고물을 식혀 빻은 후 고물을 소분하여 냉장이나 냉동에 보관할 수 있다.
		2. 삶는 고물류 만들기	1. 작업기준서와 생산량에 따라 배합표를 작성할 수 있다. 2. 작업기준서에 따라 필요한 재료를 준비할 수 있다. 3. 재료의 특성을 고려하여 전처리할 수 있다. 4. 전처리된 재료를 삶는 솥에 넣어 삶을 수 있다. 5. 작업기준서에 따라 제품특성을 고려하여 삶는 시간과 온도를 조절할 수 있다. 6. 삶은 고물을 식혀 빻은 후 고물을 소분하여 냉장이나 냉동에 보관할 수 있다.
		3. 볶는 고물류 만들기	1. 작업기준서와 생산량에 따라 배합표를 작성할 수 있다. 2. 작업기준서에 따라 필요한 재료를 준비할 수 있다. 3. 재료의 특성을 고려하여 전처리할 수 있다. 4. 전처리하다 재료를 볶음 솥에 넣어 볶을 수 있다.

실기 과목명	주요항목	세부항목	세세항목
			5. 작업기준서에 따라 제품특성을 고려하여 볶는 시간과 온도를 조절할 수 있다. 6. 볶은 고물을 식혀 빻은 후 고물을 소분하여 냉장이나 냉동에 보관할 수 있다.
	8. 가래떡류 만들기	1. 가래떡류 재료 준비하기	1. 작업기준서와 생산량을 고려하여 배합표를 작성할 수 있다. 2. 배합표 따라 원 · 부재료를 준비할 수 있다. 3. 작업기준서에 따라 부재료를 전처리할 수 있다. 4. 가래떡류의 특성에 따라 물에 불리는 시간을 조정할 수 있다.
		2. 가래떡류 재료 계량하기	1. 배합표에 따라 제품별로 재료를 계량할 수 있다. 2. 배합표에 따라 부재료 첨가에 따른 물의 양을 조절할 수 있다. 3. 배합표에 따라 멥쌀에 소금을 첨가할 수 있다.
		3. 가래떡류 빻기	1. 작업기준서에 따라 원 · 부재료의 빻는 횟수를 조절할 수 있다. 2. 제품의 특성에 따라 1, 2차 빻기 작업 수행 시 분쇄기 롤 간격을 조절할 수 있다. 3. 빻은 멥쌀가루의 입도, 색상, 냄새를 확인하여 분쇄작업을 완료할 수 있다. 4. 빻은 작업이 완료된 원재료에 부재료를 혼합할 수 있다.
		4. 가래떡류 찌기	1. 작업기준서에 따라 준비된 재료를 찜기에 넣고 골고루 펴서 안칠 수 있다. 2. 작업기준서에 따라 찌는 시간과 온도를 조절할 수 있다. 3. 작업기준서에 따라 찜기 뚜껑을 덮어 제품의 수분을 조절할 수 있다.
		5. 가래떡류 성형하기	1. 작업기준서에 따라 성형노즐을 선택할 수 있다. 2. 작업기준서에 따라 쪄진 떡을 제병기에 넣어 성형할 수 있다. 3. 작업기준서에 따라 제병기에서 나온 가래떡을 냉각시킬 수 있다. 4. 작업기준서에 따라 냉각된 가래떡을 용도별로 절단할 수 있다.
		6. 가래떡류 마무리하기	1. 작업기준서에 따라 제품 특징에 맞는 포장지를 선택할 수 있다. 2. 작업기준서에 따라 절단한 가래떡을 용도별로 저온 건조 또는 냉동할 수 있다. 3. 작업기준서에 따라 제품별로 길이, 크기를 조절할 수 있다. 4. 작업기준서에 따라 제품별로 알코올 처리를 할 수 있다. 5. 작업기준서에 따라 제품별로 건조 수분을 조절할 수 있다. 6. 작업기준서에 따라 포장 표시면에 표기사항을 표시할 수 있다.
	9. 찌는 찰떡류 만들기	1. 찌는 찰떡류 재료 준비하기	1. 작업기준서와 생산량을 고려하여 배합표를 작성할 수 있다. 2. 배합표에 따라 원 · 부재료를 준비할 수 있다. 3. 부재료의 특성을 고려하여 전처리할 수 있다. 4. 찌는 찰떡류의 특성에 따라 물에 불리는 시간을 조정할 수 있다.
		2. 찌는 찰떡류 재료 계량하기	1. 배합표에 따라 원 · 부재료를 계량할 수 있다. 2. 배합표에 따라 물의 양을 조절할 수 있다. 3. 배합표에 따라 찹쌀에 소금을 첨가할 수 있다.
		3. 찌는 찰떡류 빻기	1. 작업기준서에 따라 원 · 부재료의 빻는 횟수를 조절할 수 있다. 2. 1, 2차 빻기 작업 수행 시 분쇄기의 롤 간격을 조절할 수 있다.

실기 과목명	주요항목	세부항목	세세항목
			3. 빻기 된 찹쌀가루의 입도, 색상, 냄새를 확인하여 빻는 작업을 완료할 수 있다. 4. 빻는 작업이 완료된 원재료에 부재료를 혼합할 수 있다.
		4. 찌는 찰떡류 찌기	1. 작업기준서에 따라 스팀이 잘 통과될 수 있도록 혼합된 원부재료를 시루에 담을 수 있다. 2. 작업기준서에 따라 찌는 시간과 온도를 조절할 수 있다. 3. 작업기준서에 따라 시루 뚜껑을 덮어 제품의 수분을 조절할 수 있다.
		5. 찌는 찰떡류 성형하기	1. 찐 재료에 대하여 물성이 적합한지 확인할 수 있다. 2. 작업기준서에 따라 찐 재료를 식힐 수 있다. 3. 작업기준서에 따라 제품의 종류별로 절단할 수 있다.
		6. 찌는 찰떡류 마무리하기	1. 노화 방지를 위하여 제품의 특성에 적합한 포장지를 선택할 수 있다. 2. 작업기준서에 따라 제품을 포장할 수 있다. 3. 작업기준서에 따라 포장 표시면에 표기사항을 표시할 수 있다. 4. 제품의 보관 온도에 따라 제품 보관방법을 적용할 수 있다.
	10. 지지는 떡류 만들기	1. 지지는 떡류 재료 준비하기	1. 지지는 떡류 작업기준서에 따라 재료를 준비할 수 있다. 2. 지지는 떡류 작업기준서에 따라 재료를 계량할 수 있다 3. 지지는 떡류 작업기준서에 따라 찹쌀을 불릴 수 있다. 4. 지지는 떡류 작업기준서에 따라 부재료의 특성을 고려하여 전처리 할 수 있다.
		2. 지지는 떡류 빻기	1. 지지는 떡류 작업기준서에 따라 반죽에 첨가되는 부재료의 특성에 따라 전처리한 재료를 사용할 수 있다. 2. 지지는 떡류 작업기준서에 따라 제품의 특성에 맞게 빻는 횟수를 조절하여 빻을 수 있다. 3. 재료의 특성에 따라 체눈의 크기와 체질의 횟수를 조절할 수 있다.
		3. 지지는 떡류 지지기	1. 지지는 떡류 작업기준서에 따라 익반죽할 수 있다. 2. 지지는 떡류 작업기준서에 따라 크기와 모양에 맞게 성형할 수 있다. 3. 지지는 떡류 제품 특성에 따라 지진 후 속고물을 넣을 수 있다. 4. 지지는 떡류 제품 특성에 따라 고명으로 장식하고 즙청할 수 있다.
		4. 지지는 떡류 마무리하기	1. 지지는 떡류 작업기준서에 따라 포장할 수 있다. 2. 지지는 떡류 작업기준서에 따라 표기사항을 표시할 수 있다.
	11. 위생 관리	1. 개인위생 관리하기	1. 위생관리 지침에 따라 두발, 손톱 등 신체 청결을 유지할 수 있다. 2. 위생관리 지침에 따라 손을 자주 씻고 건조하게 하여 미생물의 오염을 예방할 수 있다. 3. 위생관리 지침에 따라 위생복, 위생모, 작업화 등 개인위생을 관리할 수 있다. 4. 위생관리 지침에 따라 질병 등 스스로의 건강상태를 관리하고, 보고할 수 있다. 5. 위생관리 지침에 따라 근무 중의 흡연, 음주, 취식 등에 대한 작업장 근무수칙을 준수할 수 있다.
		2. 가공기계 · 설비 위생 관리하기	1. 위생관리 지침에 따라 가공기계 · 설비위생 관리 업무를 준비, 수행할 수 있다.

실기 과목명	주요항목	세부항목	세세항목
			2. 위생관리 지침에 따라 작업장 내에서 사용하는 도구의 청결을 유지할 수 있다. 3. 위생관리 지침에 따라 작업장 기계 · 설비들의 위생을 점검하고, 관리할 수 있다. 4. 위생관리 지침에 따라 세제, 소독제 등의 사용 시, 약품의 잔류 가능성을 예방할 수 있다. 5. 위생관리 지침에 따라 필요시 가공기계 · 설비 위생에 관한 사항을 책임자와 협의할 수 있다.
		3. 작업장 위생 관리하기	1. 위생관리 지침에 따라 작업장 위생 관리 업무를 준비, 수행할 수 있다. 2. 위생관리 지침에 따라 작업장 청소 및 소독 매뉴얼을 작성할 수 있다. 3. 위생관리 지침에 따라 HACCP관리 매뉴얼을 운영할 수 있다. 4. 위생관리 지침에 따라 세제, 소독제 등의 사용 시, 약품의 잔류 가능성을 예방할 수 있다. 5. 위생관리 지침에 따라 소독, 방충, 방서 활동을 준비, 수행할 수 있다. 6. 위생관리 지침에 따라 필요시 작업장 위생에 관한 사항을 책임자와 협의할 수 있다.
	12. 안전 관리	1. 개인 안전 준수하기	1. 안전사고 예방지침에 따라 도구 및 장비 등의 정리·정돈을 수시로 할 수 있다. 2. 안전사고 예방지침에 따라 위험·위해 요소 및 상황을 전파할 수 있다. 3. 안전사고 예방지침에 따라 지정된 안전 장구류를 착용하여 부상을 예방할 수 있다. 4. 안전사고 예방지침에 따라 중량물 취급, 반복 작업에 따른 부상 및 질환을 예방할 수 있다. 5. 안전사고 예방지침에 따라 부상이 발생하였을 경우 응급처치(지혈, 소독 등)를 수행할 수 있다. 6. 안전사고 예방지침에 따라 부상 발생 시 책임자에게 즉각 보고하고 지시를 준수할 수 있다.
		2. 화재 예방하기	1. 화재예방지침에 따라 LPG, LNG 등 연료용 가스를 안전하게 취급할 수 있다. 2. 화재예방지침에 따라 전열 기구 및 전선 배치를 안전하게 취급할 수 있다. 3. 화재예방지침에 따라 화재 발생 시 소화기 등을 사용하여 초기에 대응할 수 있다. 4. 화재예방지침에 따라 식품가공용 유지류의 취급 부주의에 따른 화상, 화재를 예방할 수 있다. 5. 화재예방지침에 따라 퇴근 시에는 전기 · 가스 시설의 차단 및 점검을 의무화할 수 있다.
		3. 도구 · 장비안전 준수하기	1. 도구 및 장비 안전지침에 따라 절단 및 협착 위험 장비류 취급시 주의사항을 준수할 수 있다. 2. 도구 및 장비 안전지침에 따라 화상 위험 장비류 취급 시 주의사항을 준수할 수 있다.

실기 과목명	주요항목	세부항목	세세항목
			3. 도구 및 장비 안전지침에 따라 적정한 수준의 조명과 환기를 유지할 수 있다. 4. 도구 및 장비 안전지침에 따라 작업장 내의 이물질, 습기를 제거하여, 미끄럼 및 오염을 방지할 수 있다. 5. 도구 및 장비 안전지침에 따라 설비의 고장, 문제점을 책임자와 협의, 조치할 수 있다.

I
이론편

1. 떡 제조 기초이론

2. 떡류 만들기

3. 위생 · 안전 관리

4. 우리나라 떡의 역사 및 문화

CHAPTER 1

떡 제조 기초이론

제1절 떡류 재료의 이해

❶ 주재료(곡류)의 특성

- 곡류의 주성분은 전분질로 쌀, 맥류(보리, 밀, 귀리, 메밀 등), 잡곡(조, 기장, 수수, 옥수수 등)으로 분류
- 한국인 1일 필요열량의 약 65% 차지
- 소화흡수가 용이하고 우수한 열량 공급원

1. 쌀

1) 성분

- 전분이 70~75%, 단백질이 9~10%, 지질과 무기질이 약 2~4%를 차지하며 배아에는 티아민, 리보플라빈 등이 함유됨
- 현미는 왕겨층만 제거, 백미는 겨와 배아를 제거하여 배유만 남은 것
- 백미는 현미보다 당질이 높고, 현미는 백미보다 단백질, 지방, 무기질 등 영양소 함유량이 높음

2) 종류

(1) 도정도에 따른 분류

- 도정 : 벼의 겨층을 제거해서 배유를 얻는 것
- 도정률 : 현미 무게에 대한 도정된 쌀의 무게 비율. 1분도미는 현미중량의 0.8% 감소
- 도정도가 높을수록 쌀의 색은 희고 밥이 부드러우나 영양분의 손실이 큼

쌀의 종류	도정도(%)	도정률(%)	소화흡수율(%)
현미	0	100	90
5분도미	50	96.0	94
7분도미	70	94.4	95.5
백미	100	92.0	98

(2) 형태에 따른 분류

자포니카형 (단립종)	• 쌀의 입자가 짧고 둥글고 굵으며 단단하다. • 점성이 높다. • 우리나라, 일본 등에서 주로 생산된다.
자바니카형 (중립종)	• 단립종과 장립종의 중간 정도 크기이다. • 리조토나 파에야 만드는 데 사용된다. • 스페인 등에서 주로 생산된다.
인디카형 (장립종)	• 쌀알이 길고 가늘며 부스러지기 쉽다. • 점성이 낮다. • 인도, 동남아시아, 미국 남부에서 주로 생산된다.

(3) 화학적 성질에 따른 분류

멥쌀	• 아밀로오스 약 20~25%, 아밀로펙틴 약 75~80% • 점성이 약하다. • 낟알이 반투명하다. • 호화가 빨리 일어난다. • 요오드 정색반응 시 청남색을 띤다.
찹쌀	• 주로 아밀로펙틴이다. • 점성이 강하다. • 낟알이 불투명하다. • 요오드 정색반응 시 적갈색을 띤다.

(4) 기타

강화미	• 인조미의 한 종류로 도정미에 비타민 B_1, B_2를 증강하여 영양가를 높인 쌀
향미	• 고소한 향기와 맛을 지닌 쌀 • 동남아시아의 재스민쌀이 대표적
합성미	• 쌀 이외의 곡물알갱이나 곡물가루를 원료로 하여 쌀알모양으로 만든 것

3) 쌀의 취급 및 보관

① 쌀은 뜨거운 열기와 습기가 없는 곳에, 곤충을 차단할 수 있는 용기에 담아 서늘한 장소에 보관

② 저장 중 온도가 높으면 쌀알이 갈라지고 품질이 저하됨

③ 수분함량은 15% 이하로 유지

④ 쌀을 씻을 때 쌀알이 으깨지지 않도록 가볍게 씻기

⑤ 쌀 불리는 물은 쌀이 충분히 잠길 정도의 양으로, 너무 차거나 뜨거운 물을 피하고 7~8시간 충분히 불려야 가루가 미세하게 분쇄되어 부드러운 떡이 완성

⑥ 빻아진 쌀가루는 소분하여 밀폐 후 냉동실에 보관

2. 밀

1) 단백질 함량에 따른 종류

종류	글루텐 함량(%)	용도
경질밀(강력분)	13 이상	• 탄력성과 점성이 강함 • 제빵용
중질밀(중력분)	10~13 미만	• 탄력성과 점성이 중간 • 다목적용, 제면용
연질밀(박력분)	9 이하	• 탄력성과 점성이 약함 • 제과용

2) 재배시기에 따른 종류

봄밀	• 봄에 파종, 여름에서 늦은 가을에 수확
겨울밀	• 가을에 파종, 그다음 초여름에 수확 • 세계적으로 생산량이 가장 많음

3) 밀의 성분

(1) 탄수화물

전분이 75~80%로 가장 많으며, 그 외에 셀룰로오스, 헤미셀룰로오스, 덱스트린, 당류 등이 있음

(2) 단백질

- 밀의 단백질인 글루테닌(glutenin)과 글리아딘(gliadin)이 글루텐(gluten)을 형성하여 점탄성을 나타냄
- 고분자량인 글루테닌은 섬유상의 특징, 저분자량인 글리아딘은 타원형으로 점성과 신장성은 높고 탄성은 낮음
- 물을 넣고 반죽 시 점탄성이 강한 그물구조의 글루텐 형성

(3) 글루텐 형성에 영향을 주는 요인

일반적으로 30℃ 전후의 물에 강하게 반죽할수록, 반죽속도가 빠를수록, 반죽시간을 길게 할수록 글루텐 형성이 잘됨

① 밀가루의 종류 : 강력분은 박력분에 비해 더 단단하고 질긴 반죽 형성
② 반죽 시 물을 한꺼번에 넣는 것보다 소량씩 넣는 것이 글루텐 형성에 효과적
③ 반죽을 치대는 정도 : 많이 치댈수록 글루텐 형성에 좋으나 지나치면 글루텐 섬유가 끊어져 반죽이 다시 물러짐
④ 밀가루 입자의 크기 : 입자의 크기가 작을수록 글루텐 형성이 쉬움
⑤ 반죽의 방치시간 : 적정시간 방치 시 신장성이 증가
⑥ 온도 : 온도 상승 시 글루텐 생성속도가 빠름
⑦ 첨가물
- 소금은 글루텐 망상구조를 치밀하게 함
- 설탕 : 글루텐 형성을 느리게 하나 이스트 영양분으로 발효를 촉진함
- 달걀 : 글루텐구조가 팽창된 상태로 고정되도록 함
- 유지 : 글루텐 망상구조 형성을 억제함

3. 보리

1) 종류

쌀보리	• 껍질이 종실에서 분리되기 쉽다. • 배유부분이 많다. • 밥에 섞어 먹는다.

겉보리	• 껍질이 종실에서 분리되기 어렵다. • 배유부분이 적다. • 보리차나 엿기름으로 이용한다.

2) 성분 및 특징

① 주성분은 탄수화물로 전분이 대부분이며 단백질은 호르데인(hordein)으로 약 10% 정도 함유

② 인과 칼슘, 철, 비타민 B복합체가 풍부

③ 필수아미노산 함량은 적음

④ 식이섬유소인 베타글루칸(β-glucan)은 콜레스테롤 함량을 저하시킴

⑤ 도정 후에도 가운데 골진 부분에 섬유소가 많아 정장작용에 좋으나 소화율이 낮으므로 이를 개선하기 위해 할맥이나 압맥을 만듦

⑥ 맥주, 위스키, 맥아, 식혜, 보리차, 된장, 고추장 등의 원료로 사용

3) 식혜

보리를 싹 틔운 엿기름 이용. 엿기름에는 전분 분해효소인 베타아밀라아제(β-amylase)가 있으며, 55~60℃에서 전분을 부분적으로 당화시켜 맥아당을 만듦. 이용액을 농축시키면 조청이 되며 더욱 농축시키면 엿이 생성됨

4. 수수

① 멧수수와 찰수수가 있으며 찰수수는 멧수수보다 단백질 함량이 약간 많음

② 식용에는 주로 단백질과 지방이 많은 찰수수가 이용되며, 멧수수는 술이나 사료용으로 이용

③ 탄닌이 많아 떫은맛이 있으므로 세게 문질러 씻어야 함

④ 제분하여 떡, 과자, 전분, 엿, 주정 등의 원료로 이용되며, 차수수경단, 수수부꾸미, 수수무살이 등을 만듦

5. 조

① 곡류 중 재배 역사가 매우 오래되었고, 종실이 작으며 저장성이 강함
② 칼슘과 비타민 B군이 많고 소화율이 99.4%로 높아 이유식, 치료식으로 이용
③ 작물재배가 어려운 지역에서 잘 자라며, 차조와 메조가 있음
④ 밥, 죽, 엿과 소주원료, 오메기떡, 차좁쌀떡, 조침떡 등에 사용

6. 옥수수

① 곡류 중 저장성이 가장 좋음
② 옥수수 단백질은 제인(zein)으로 리신, 트립토판 함량이 적고 트레오닌 함량이 많음
③ 옥수수 가루는 국수, 엿, 묵, 죽 등으로, 옥수수 전분은 순백 · 무취로 제과, 조리용 등으로 많이 이용

7. 메밀

① 메밀의 열매는 삼각형으로 과피가 단단하며, 강원도, 제주도 등에서 많이 재배
② 단백질 12.5% 함유, 다른 곡물에 부족한 리신, 트립토판 등의 필수 아미노산을 함유하여 단백가가 높음
③ 혈관저항을 강하시키는 루틴 함유
④ 국수, 수제비 등의 주식 외에 떡, 묵, 전병 등에 사용

❷ 부재료의 종류 및 특성

1. 두류

지방과 단백질원으로 이용되는 대두류와 땅콩류는 쌀에 부족한 아미노산을 함유하고 있어 떡의 맛과 영양소를 높이는 데 중요한 역할을 하며, 탄수화물원으로 이용되는 팥, 완두, 녹두, 동부 등은 50% 이상의 탄수화물을 함유하고 있어 떡이나 과자의 속재료나 겉의 고물로 이용됨

1) 대두

① 흰콩, 대두콩, 백태 등으로 불림
② 단백질과 지질이 많음
③ 생콩은 트립신저해물질(trypsin inhibitor)로 소화율이 낮지만 조리하거나 두부, 된장 등으로 가공하면 소화율이 높아짐
④ 곡류에 부족되기 쉬운 리신(lysine), 트립토판(tryptophan)이 풍부
⑤ 수분 14% 이하로 껍질이 얇고 깨끗하며 상처가 없고 윤기 나는 것이 좋음
⑥ 익힐 때 식소다나 탄산칼륨 첨가 시 콩을 연하게 해줌

2) 팥

① 수분 14% 이하로 껍질이 얇고 색이 진하며 하얀 띠가 선명한 것이 좋음
② 탄수화물(약 64%), 단백질(약 19%), 비타민 B_1, 사포닌, 섬유소 등이 함유됨
③ 팥의 사포닌성분은 설사와 속쓰림을 유발하므로 팥 삶은 첫물은 버림
④ 팥죽, 떡의 고물, 소, 빙수, 빵 등에 사용

붉은팥	• 물에 불릴 경우 붉은색이 물에 용출되므로 불리지 않음 • 밥, 죽, 인절미, 시루떡, 수수팥떡, 경단, 찹쌀떡, 부꾸미 등의 떡에 사용 • 붉은색은 액운을 막아준다고 하여 행사에 많이 사용
흰팥	• 편, 인절미 등의 겉고물, 경단, 찹쌀떡 등의 속고물로 사용 • 제사용 편으로 사용

3) 녹두

① 껍질이 거칠고 광택이 나지 않으며 진한 녹색이 좋음
② 전분은 점성이 많아 청포묵이나 당면을 만듦
③ 탄수화물(약 60%), 단백질(약 25%), 엽산과 칼륨, 마그네슘 풍부
④ 빈대떡, 인절미, 경단 등의 겉고물, 찹쌀떡, 개피떡의 속고물로 이용하며 싹을 틔워 숙주나물로 이용
⑤ 용도에 따라 초록색으로 껍질을 안 벗긴 녹두와 껍질을 벗긴 거피 녹두 사용

4) 완두콩

① 짙은 녹색으로 모양이 고르고 탄력 있는 것이 좋음

② 밥에 넣거나 떡이나 과자 등에 사용하는데, 성숙 전의 푸른 것은 대부분 통조림으로, 어린 꼬투리는 채소용으로 사용
③ 전분이 풍부하고 칼륨, 엽산, 비타민 B_1이 우수함
④ 떡, 과자, 설탕에 조린 완두배기 형태로 빵이나 떡에 사용

5) 동부

① 강두, 장두, 동부콩, 돈부 등으로 불림
② 팥과 비슷하나 약간 길고 종자의 눈이 길어서 구분되며, 껍질이 얇고 윤기 나는 것이 좋음
③ 밥에 넣거나 묵, 떡고물, 떡의 소, 과자, 죽 등으로 사용

6) 강낭콩

① 콩류 중에서 재배면적이 가장 넓음
② 꼬투리가 초록색 또는 누런색이고 단단하며 갈색얼룩이 없는 것이 좋음
③ 데치면 효소가 불활성화하여 장기보관 가능
④ 당질과 단백질이 많아 밥에 넣어 먹거나 양갱, 샐러드 등에 이용

7) 땅콩

① 유지 제조용 소립종과 볶아서 식용하는 대립종이 있음
② 지방(45% 이상), 단백질(35%), 탄수화물(20~30%)이 함유된 대표적인 고지방, 고단백식품
③ 필수지방산이 풍부(특히 아라키돈산)하며 칼륨, 비타민 B_1, B_2, E 등이 풍부
④ 서늘하고 건조한 장소에 보관(곰팡이 독소인 aflatoxin에 오염 우려)
⑤ 콩류 중 유일하게 열매가 땅속에 있으며, 땅콩버터, 땅콩기름, 떡이나 빵의 소나 고물 등에 사용

8) 흑태

① 흑대두, 서리태, 서목태 등을 모두 흑태라 함
② 안토시아닌과 이소플라본이 풍부한 블랙푸드임

③ 낟알의 크기가 고르고 윤기 나는 것이 좋음(서리태는 속이 파란색임)
④ 수용성 안토시아닌계 색소는 산성에서 적색, 알칼리성에서 청색을 냄
⑤ 두부, 밥, 콩국수, 수제비, 강정, 차 등에 사용

2. 채소류

채소는 평균 약 90%의 수분을 함유하고 있고 에너지원으로는 거의 이용되지 않으나 무기질과 비타민, 식이섬유가 풍부

1) 채소의 분류

(1) 엽채류

① 채소의 잎을 섭취
② 수분이 90% 이상으로 많고, 무기질, 비타민, 식이섬유가 풍부
③ 시금치는 수산성분이 있어 체내 칼슘의 이용을 저해하며, 상추는 락투신(lactucin) 성분이 있어 신경을 안정시킴
④ 상추, 배추, 시금치, 깻잎, 쑥갓 등

(2) 경채류

① 채소의 줄기를 섭취
② 수분함량이 많고 당질이 적음
③ 셀러리, 아스파라거스, 죽순 등

(3) 근채류

① 채소의 뿌리를 섭취
② 당질함량이 많고 수분함량이 적음
③ 무에 있는 소화효소 : 디아스타아제(diastase)
④ 무, 당근, 우엉, 연근, 비트, 양파 등

(4) 과채류

① 채소의 열매를 섭취
② 오이는 수분이 많고, 호박은 당질이 많으며, 풋고추, 토마토 등에는 비타민 C 함량이 높음
③ 오이, 토마토, 가지 등

(5) 화채류

① 채소의 꽃을 섭취
② 브로콜리는 비타민 C 함량이 풍부하며 암예방효과가 있는 설포라판(sulforaphane) 함유
③ 국화나 진달래꽃은 화전에 사용
④ 브로콜리, 아티초크, 콜리플라워 등

2) 채소의 조리특성

(1) 조리 시 색의 변화

① 엽록소(클로로필, chlorophyll)는 산성에서 갈색으로, 알칼리(식소다 등)에서 짙은 녹색으로 변화되나 알칼리에 의해 섬유소가 연화되어 뭉그러질 염려가 있고 비타민 C가 파괴됨

채소 데치기

- 채소를 데칠 때 채소무게 약 5배의 물에 뚜껑을 열고 가열하며 휘발성 유기산이 증발될 수 있도록 해야 푸른색을 선명하게 유지할 수 있음
- 1~2%의 소금물에 데치면 수용성성분이 적게 용출되고 클로로필의 안정화에 좋은 역할을 하여 채소의 색이 선명해짐

② 클로로필은 금속이온에 의해 선명한 녹색을 형성
③ 카로티노이드는 비교적 안정적인 색소이며, 지용성으로 기름으로 조리하면 체내 흡수 용이
④ 채소의 적, 청, 자색을 나타내는 안토시아닌은 산성에서는 선명하나 알칼리성에서는 청색이나 녹색으로 변색

⑤ 백색채소의 안토크산틴은 산성에서 선명한 백색으로, 알칼리에서는 황색으로 변색하며 금속과 반응하여 황색, 적갈색으로 변색

(2) 조리 시 향기의 변화

① 마늘을 썰거나 다지면 냄새물질인 알리인(alliin)이 분해효소인 알리나아제(allinase)와 접촉하여 매운맛의 알리신(allicin)을 형성
② 양파의 최루성분은 휘발성이고 물에 잘 녹으므로 물을 넣고 장시간 조리 시 냄새가 거의 없어짐
③ 배추, 양배추 등은 썰 때 독특한 향과 매운맛을 내는 미로시나아제(myrosinase)가 나오며, 겨자의 시니그린은 물을 첨가하여 일정온도(30~40℃)에서 보관 시 미로시나아제의 작용으로 알릴아이소사이오사이아네이트(allyl isothiocyanate)가 생성되어 코를 쏘는 매운맛이 남

(3) 조리 시 맛의 변화

① 약한 향미를 가진 채소(시금치, 가지 등)는 소량의 물에 단시간 조리해야 수용성 맛성분을 보존할 수 있으며, 물에 삶기보다 찌거나 오븐에 구우면 향미성분을 더 잘 유지할 수 있음
② 양파의 매운맛 성분은 가열 시 분해되어 설탕 50배의 단맛을 내는 성분을 형성
③ 삶기는 수용성 물질의 손실이 가장 큰 조리법이며 찌기는 영양성분의 손실이 가장 적은 조리방법임

(4) 조리 시 질감의 변화

① 채소류는 가능한 간을 약하게 하여 단시간 가열하는 것이 좋음
② 조리 시 중조를 넣으면 섬유소를 분해하여 질감이 부드러워지고 산을 넣으면 질감이 단단해짐
③ 조리 시 칼슘이온이나 마그네슘이온은 채소의 펙틴과 작용하여 질감을 단단하게 함
④ 가열에 의해 펙틴(pectin)과 헤미셀룰로오스(hemicellulose)는 부드러워짐

(5) 조리 시 영양소의 변화

① 채소의 당, 비타민 B, C, 무기질 등은 오래 가열할수록, 조리용액이 많을수록 채소의 표면적이 넓을수록 손실이 큼

② 비타민 C는 수용성으로 삶거나 데친 국물을 함께 이용

③ 채소와 같이 수분이 많은 재료는 고온, 단시간 가열해야 재료에서 물이 나오는 것을 방지하고 비타민 C 손실을 줄임

④ 볶음이나 튀김은 단시간 가열로 비타민 C 손실이 적고 지용성 카로틴의 흡수를 좋게 함

⑤ 당근, 오이, 호박 등에는 비타민 C를 파괴하는 아스코르비나아제(ascorbinase)가 함유되어 있음

3. 과일류

과일은 비타민, 무기질, 식이섬유 외에 피토케미컬(phytochemical) 등 영양이 풍부하며 독특한 맛, 색, 향으로 식욕을 증진시킴

1) 과일의 종류

호흡기 과일 (후숙과일)	• 수확 후 호흡률의 증가 • 약간 덜 익었을 때 수확 • 바나나, 토마토, 키위, 살구, 자두, 감, 아보카도 등
비호흡기 과일 (완숙과일)	• 수확 후 호흡률의 저하 • 완전히 익은 후 수확 • 딸기, 포도, 귤, 오렌지, 레몬, 블루베리 등

(1) 과일 숙성 중 일어나는 변화

① 크기 증가

② 연해짐(불용성 펙틴이 수용성 펙틴으로 변함)

③ 과일 특유의 색이 나타나고 신맛 감소

④ 전분이 당으로 분해되어 단맛 증가

⑤ 탄닌성분이 불용성이 되어 떫은맛이 없어짐

2) 과일의 조리특성

(1) 과일의 갈변현상

① **과일이 효소에 의해 산소와 접촉하여 갈변** : 감자는 티로시나아제(tyrosinase)에 의해 티로신이 산화되어 갈변

② **효소적 갈변 방지법** : 가열처리(효소 불활성화), 효소의 최적조건 변화(pH 변화 또는 온도 조절, 산소 제거), 효소저해제 이용(소금, 아황산염 등), 환원성 물질 첨가(감귤류에 있는 아스코르빈산은 강한 환원력을 가져 갈변방지에 효과) 등

(2) 과일의 조리 중 변화

① **질감의 변화**

② **향기의 변화** : 과일의 향기성분은 휘발성인 유기산과 에스테르로 오래 가열하면 향기가 없어짐

③ **색의 변화**

(3) 과일의 조리 및 이용

① **생과일** : 과일 본래의 색과 모양, 향미성분을 함유하고 있음

② **건조과일** : 미생물번식이 어렵고 당도 증가. 대추, 건포도(수분함량 15~18%), 곶감(수분함량 28~30%)

③ **냉동과일** : 장기간 저장 가능. 생 또는 냉동 전 데쳐서 효소를 불활성화함. 설탕이나 시럽에 절인 뒤 얼려서 형태와 질감 보존

④ **잼과 젤리** : 펙틴을 가지고 있는 과일에 적당량의 당과 산으로 젤리화 가능. 펙틴(1.0%), 산(0.3%), 당(65%)에서 젤리화가 가장 잘 일어남

잼	• 과일의 과육을 이용하여 설탕을 넣어 조린 것 • 펙틴, 산, 설탕이 필요
젤리	• 과즙에 설탕을 넣어 조린 것
마멀레이드	• 감귤류의 껍질과 과육에 설탕을 넣어 조린 것
컨서브	• 여러 가지 과일을 혼합해서 잼과 같이 만든 것. 과일을 으깨지 않고 통째로 설탕을 넣어 조린 것
프리저브	• 과일에 설탕을 넣고 조린 것으로 과일이 투명한 상태로 형태가 있는 것

4. 견과류

1) 잣

① 불포화지방산이 많아 산패가 잘 일어나므로 밀폐하여 냉동 보관
② 지방(약 64%), 단백질(약 18%)을 함유하고 있으며 비타민 B가 많고 철분이 풍부함
③ 잣고깔을 제거한 후 통잣, 비늘잣, 잣가루(지방이 많으므로 종이 위에서 다지기) 등으로 사용
④ 송자, 백자, 해송자라고도 함

2) 밤

① 수분이 60%(전분 약 30%, 지방과 단백질이 적음) 정도로 쉽게 건조되고 쉽게 상함
② 속껍질에 엘라그산(ellagic acid)이 있어 떫은맛이 있음
③ 보관을 위해 통조림이나 병조림을 하며, 말린 것을 황률이라 함
④ 생으로(생률) 또는 떡, 한과 등에 사용

3) 호두

① 불포화지방산이 많아 오래 보관 시 산패가 일어나기 쉬우므로 밀폐하여 냉동 보관
② 속껍질은 떫은맛이 있으므로 제거 시 따뜻한 물에 담갔다가 벗김(설탕이나 식초 첨가)

4) 아몬드

① 다른 음식냄새를 잘 흡수하므로 밀봉하여 보관
② 처리에 따라 블랜치 아몬드, 슬라이스 아몬드, 아몬드 다이스, 파우더 아몬드 등으로 다양하게 사용
③ 지방과 비타민 E가 풍부

5) 은행

① 겉의 딱딱한 껍질을 제거한 후 속껍질을 벗기고 사용(물에 불리거나 기름 두른 팬에 익혀서 제거)

5. 서류

1) 감자

① 점질감자(전분입자의 함량이 낮아 볶는 요리에 사용)와 분질감자(전분입자의 함량이 높아 찐 감자, 구운 감자, 매시트포테이토 등에 사용)가 있음

② 비타민 C가 많고 칼륨함량이 높은 알칼리 식품

③ 단백질(약 10%)은 투베린(tuberin)

④ 유해성분인 솔라닌(solanine)은 햇빛에 노출된 껍질부분이나 발아 중인 싹에 존재

⑤ **효소적 갈변** : 감자의 티로신(tyrosin)이 티로시나아제(tyrosinase)에 의해 산화되면 멜라닌(melanin)색소 형성

2) 고구마

① 밤고구마, 호박고구마, 자색고구마 등의 품종

② 탄수화물 중 맥아당, 포도당, 과당 등이 있어 단맛이 강함

③ 단백질은 이포메인(ipomein)이며, 칼륨, 비타민 B, C가 풍부

④ **고구마의 유액성분** : 얄라핀(jalapin)

⑤ 식이섬유가 풍부하여 구이, 튀김, 찜, 떡(제주도 조침떡 등) 등에 사용

3) 마

① 주성분은 전분이며 점성이 강하고 비타민, 무기질이 풍부

② 점질물은 뮤신(mucin)이며, 효소가 많아 소화를 촉진

4) 토란

① 탄수화물(약 13%)은 대부분 전분이며, 칼륨이 풍부

② 점성물질은 갈락탄(galactan)으로 조리 중 거품 생성의 원인이 되므로 쌀뜨물이나 소금물에 데쳐 점질물을 제거

③ 토란껍질에 수산칼슘이 많아 손이 가려워지기 쉬우므로 가열하거나 식초에 담가 활성 제거

④ 토란탕, 토란병 등에 사용

6. 물

물은 2개의 수소원자가 1개의 산소원자에 결합되어 있는 형태. 용매로 식품성분이나 조미료 등을 용해시키는 등 조리 시 중요한 역할

1) 식품에서 물의 기능

① 식품의 조직을 유지하여 질감과 물성에 영향을 줌
② 식품의 색, 맛, 향기 등 기호성분 유지
③ 조리, 가공, 저장 등의 성분변화에 관여
④ 식품의 변질에 관여
⑤ 식품 내의 다른 성분에 대해 용매 또는 분산매로 작용
⑥ 열의 전달매체

(1) 자유수

① 식품 중 가용성 물질을 녹이거나 불용성 물질을 분산시킬 수 있는 용매로 작용
② 건조로 쉽게 제거 가능
③ 미생물의 생육, 증식에 이용
④ 0℃에서 얼고 100℃에서 끓음

(2) 결합수

① 다른 분자(탄수화물이나 단백질 등)에 단단히 결합되어 용매로써 작용하지 못함
② 미생물의 생육, 증식에 이용되지 못함
③ 0℃에서 얼거나 100℃에서 끓지 않음

(3) 경수와 연수

경도란 보통 물 1,000ml 속에 탄산칼슘이 1mg 포함되어 있는 것을 경도 1도라 함

분류	연수		경수	
	연수	아연수	아경수	경수
경도(ppm)	60 미만	60~120 미만	120~180 미만	180 이상

2) 조리와 온도

(1) 온도의 단위

① **화씨(Fahrenheit, ℉)** : 물의 어는점을 32℉로 하고 끓는점을 212℉로 하여 두 점 사이를 180으로 균등하게 구분한 것

② **섭씨(Celsius, ℃)** : 1기압에서 물과 얼음이 공존하는 온도를 0℃, 물이 끓는 온도를 100℃로 하여 그 사이를 100등분한 것

섭씨 = 5/9(℉−32)

화씨 = 9/5(℃)+32

(2) 열의 이동

① **전도** : 물질이동 없이 열에너지가 높은 온도에서 낮은 온도로 이동하는 것. 구리, 철, 알루미늄 등 금속이 유리나 도자기보다 열전도율이 커서 열을 전달하기 쉬움

② **대류** : 밀도의 차이에 의해 액체나 기체가 이동하면서 열이 전달되는 현상. 신속하게 온도를 올리기 위해 젓기를 하면 열전달속도가 빨라짐

③ **복사** : 열을 전달해 주는 물질 없이 열에너지가 식품에 직접 전달되는 현상. 조리기구의 표면이 검은색이거나 거친 것일수록 복사열의 흡수가 큼

식품과 식품성분이 변화하는 온도

온도범위(℃)	작용
-20~0	• 아이스크림, 셔벗 등 제조
0~20(실온)	• 젤라틴 젤리가 굳는 온도 • 올리브유나 땅콩기름이 굳는 온도
20~50	• 한천 젤리가 굳는 온도 • 음식물이 부패하기 쉬운 온도 • 발효온도
50~100	• 전분의 호화가 일어나는 온도 • 단백질의 열응고가 일어나는 온도 • 채소조직의 연화가 일어나는 온도 • 육류 등의 색소 변화가 일어나는 온도

온도범위(℃)	작용
100~200	• 구이, 튀김의 온도 • 캐러멜화 반응으로 갈변화가 일어나는 온도 • 전분의 호정화가 일어나는 온도
200~300	• 단시간 표면처리에 사용되는 온도 • 표면이 타고 내부가 건조하여 부피가 줄어드는 온도

7. 소금

1) 소금의 용도

① **단백질 분자의 열응고** : 소금을 고기나 생선무게의 2~3% 넣고 가열하면 표면이 빨리 굳어 맛성분 유출을 줄임

② **방부작용** : 미생물의 발육 억제

③ **탈수작용** : 채소를 소금에 절이면 탈수작용에 의해 수분이 제거됨

④ **효소작용 억제** : 채소나 과일을 소금물에 담가 효소적 갈변 억제

⑤ **색소 유지** : 1~2%의 소금물에 채소를 데치면 녹색이 유지됨

⑥ **밀가루의 점탄성 증가** : 면류와 식빵 제조 시 점탄성 증가

⑦ **어는점 내림** : 아이스크림 제조 시 소금 첨가로 어는점을 낮춤

⑧ 신맛은 약하게 하고 단맛은 강하게 느껴지게 함

2) 소금의 종류

(1) 호렴(굵은소금, 천일염)

① 정제되지 않은 소금으로 입자가 굵고 색이 약간 진함

② 염화나트륨(NaCl)을 약 80% 정도 함유

③ 장을 담거나 재료를 절일 때 사용

(2) 재제염(꽃소금)

① 호렴을 정제한 것

② 염화나트륨(NaCl)을 약 90% 정도 함유

③ 가정에서 가장 일반적으로 사용하는 소금으로 음식의 간을 맞출 때 사용

(3) 정제염(식탁염)

① 순수한 염화나트륨(NaCl)을 분리 정제

② 정제도가 높아 염화나트륨(NaCl)을 약 95% 함유

③ 식탁에서 음식의 간을 맞추거나 김을 구울 때 사용

(4) 가공소금

① 소금에 식품 또는 식품첨가물을 가하여 가공한 소금

② 죽염, 구운 소금, 맛소금(화학조미료 약 1%) 등

8. 감미료

단맛을 느끼게 하는 조미료 및 식품첨가물을 말하며 천연감미료와 인공감미료가 있음

1) 감미료의 종류

(1) 설탕(Sugar)

① 사탕무나 사탕수수의 즙을 농축해서 얻는 당

② 백설탕, 황설탕, 흑설탕, 분당, 각설탕 등이 있음

③ 100% 설탕용액이 감미의 기준물질임

④ 방부의 목적으로 사용할 경우 50% 이상 사용

(2) 전화당(Invert Sugar)

① 설탕이 산이나 효소에 의해 과당과 포도당의 동량 혼합물로 가수분해된 것

② 벌꿀의 주요 당성분

③ 설탕보다 단맛이 강하고(설탕의 약 1.3배), 결정화되지 않아 양갱, 케이크 등에 사용

(3) 포도당(Glucose)

① 포도 등의 과일에 많음

② 설탕, 유당 등 이당류와 올리고당, 다당류 등의 구성당

③ 동물의 혈액에 0.1% 정도 함유

④ 감미도는 설탕의 약 0.7배

(4) 과당(Fructose)

① 과일과 꿀에 많음
② 감미도는 설탕의 약 1.8배
③ 천연당 중 감미도가 가장 높고 흡습성이 커서 결정화되기 어려움
④ 혈당지수가 낮아 당뇨병환자에게 사용

(5) 당알코올

① 당이 환원되어 생성
② 감미도는 설탕의 약 0.4~0.7배
③ 청량감이 있고 혈당을 높이지 않아 식품에 많이 사용
④ 설탕 반 정도의 에너지를 내고 충치예방 효과
⑤ **소르비톨** : 포도당이 환원된 것으로 무설탕음료, 저열량 식품에 사용
만니톨 : 마노스에서 환원된 것으로 당뇨병환자의 대체감미료로 사용
자일리톨 : 자일로스에서 환원된 것으로 껌, 아이스크림, 무설탕제품 등에 단맛을 내기위해 사용

(6) 올리고당

① 천연식품에서 합성하거나 효소에 의해 다당류를 가수분해하여 얻는 당
② 소장 내 소화효소에 의해 가수분해되지 않아 에너지를 생성하지 않음
③ 비피더스균의 증식인자로 작용하여 장건강유지 기능

(7) 합성감미료

① **아스파탐** : 2개의 아미노산을 합성하여 만든 인공감미료. 설탕 약 150~200배의 단맛을 냄. 열량이 적어 저칼로리제품에 사용
② **사카린** : 설탕 200~700배의 단맛을 내는 인공감미료. 열량이 없고 충치를 유발하지 않음. 안전성 논란이 있음

③ **스테비오사이드** : 스테비아 잎에서 추출. 설탕 약 300배의 단맛을 내는 인공감미료. 음료 등에 사용되는 무칼로리 감미료

2) 감미료의 특성

(1) 용해성(Solubility)

설탕은 물에 쉽게 용해되며 온도가 상승할수록, 설탕의 입자가 작을수록, 물이 많을수록 빨리 용해됨

(2) 캐러멜화(Caramelization)

① 당류를 고온에서 가열하면 흑갈색의 캐러멜이 생성

② 설탕의 정제도가 낮을수록 갈변이 빠름

③ 간장, 약식 등에 무해색소로 이용

(3) 전화(Inversion)

① 설탕용액에 산이나 산성염 첨가, 가열, 인베르타아제(invertase) 등을 첨가하여 가수분해함으로써 포도당과 과당의 혼합물이 생성되는 현상

② 생성된 혼합물을 전화당이라 함

③ 전화당이 생성되면 흡습성과 감미가 높아짐

(4) 점성

① 같은 온도에서 설탕용액의 농도가 높을수록 점성이 높음

② 같은 농도에서 설탕용액의 온도가 낮을수록 점성이 높음

③ 결정화 방지를 위해 점성이 높은 물엿을 사용

(5) 감미

① 전화당은 일반설탕보다 감미가 강함

② 설탕결정의 크기가 큰 것보다 작은 것이 감미가 강함

(6) 비등점 상승, 빙점 강하

① 설탕용액의 농도가 높아지면 비등점 상승
② 설탕용액의 농도가 높아지면 빙점은 강하

(7) 결정성

① 설탕용액을 농축하거나 냉각시키면 과포화상태가 되어 설탕의 결정이 석출
② 퐁당(fondant), 양갱, 얼음사탕 등
③ 설탕은 포도당에 비해 결정을 빨리 형성
④ 용액의 농도가 농축될수록 결정이 잘 형성
⑤ 젓는 속도가 빠를수록 미세한 결정 형성
⑥ 설탕 외에 전화당, 시럽, 꿀, 달걀흰자, 버터 등의 다른 물질로 인하여 미세한 결정 형성

(8) 젤리 형성

과일 중의 펙틴과 유기산에 의해 잼이나 젤리를 만들 때 설탕은 겔화를 촉진시킴

(9) 방부성

① 설탕의 농후용액은 방부성이 높아 식품보존에 이용
② 고농도 용액에서 삼투압에 의해 미생물의 생육을 저해하고, 효모, 세균류의 증식을 저해
③ 설탕조림, 잼, 젤리 등의 보존성을 높임

(10) 지방산의 항산화성

지방을 많이 함유한 식품 속에서 설탕은 지방산의 산화를 억제하여 식품의 색, 향, 풍미를 보존

(11) 단백질의 열응고 지연

① 단백질 식품에 설탕을 첨가하면 단백질의 열응고점이 높아져 부드러워짐
② 매끄러운 촉감의 커스터드 푸딩

(12) 효모발효 촉진

효모의 발효에 소량의 설탕을 첨가하면 발효가 촉진됨

(13) 삼투압

고농도의 설탕용액에서 삼투압에 의해 식품조직의 수분이 침출되어 주름이 생기거나 단단해짐

9. 향신료

향신료는 독특한 맛과 향을 지니고 있으며 수조육류, 생선류의 불쾌한 냄새를 제거하거나 음식에 풍미를 주어 식욕을 촉진시키는 작용 및 방부제 역할을 함. 자극성이 강하므로 많은 양을 사용하면 음식 본래의 맛을 느낄 수 없으므로 조절하여 사용. 건조 향신료는 용기에 넣고 밀봉하여 저온 보관하거나 냉동 보관

1) 파

① 대파, 실파, 쪽파 등이 있으며 저분자량의 황화합물 함유로 강한 매운맛
② 우리나라에서는 잡냄새 제거나 여러 가지 요리에 다양하게 사용
③ 흰 부분은 다져서 양념에, 푸른 잎부분은 찌개나 국에 사용
④ 가열하면 향미성분이 부드러워지고 단맛이 강해짐

2) 마늘

① 알리신의 강한 향과 냄새로 잡냄새 제거
② 대부분의 한국음식에 많이 쓰이며 논마늘은 장아찌용, 밭마늘은 저장용 양념으로 사용
③ 크기와 모양이 균일하고 겉껍질과 속껍질이 단단히 붙어 있으며 표피가 담갈색 또는 담적색인 것이 좋은 마늘

3) 생강

① 진저론, 쇼가올, 진저롤에 의해 매운맛과 향을 냄

② 육류와 어패류의 비린내를 없애는 데 사용
③ 재료가 어느 정도 익어 단백질이 응고된 후에 첨가하는 것이 좋음
④ 식욕을 증진시키고 몸을 따뜻하게 하는 작용
⑤ 음료나 한과 등에 사용

4) 후추

① 고려 때 수입기록이 있는 것으로 보아 고추보다 훨씬 일찍 사용
② 채비신이라는 매운맛 성분을 비린내나 누린내 제거에 사용하며, 음식의 맛과 향을 좋게 하고 식욕도 증진시킴
③ 검은 후추(미숙열매 건조)는 향과 색이 강해 누린내 제거나 일반요리에 사용
④ 흰 후추(완숙열매 껍질 제거)는 매운맛이 약해 흰살생선이나 색이 연한 요리에 사용
⑤ 공기 중에 노출 시 향기가 없어지고 매운맛이 약해짐
⑥ 배숙, 육수, 탕 등에 사용

5) 산초

① 산초나무 열매의 과피로 천초, 참초라고도 함
② 완숙 열매를 말려 가루로 쓰며, 독특한 향과 매운맛이 있어 고추가 전래되기 전 매운맛을 내는 조미료로 사용
③ 자극성이 있고 미각과 취각을 마비시킴
④ 생선의 비린내와 고기의 누린내를 줄이므로 추어탕 등에 사용

6) 계피

① 계수나무의 껍질을 말린 것으로 통계피나 가루로 이용
② 통계피는 차, 수정과 등에 이용
③ 계핏가루는 떡고물, 약식, 약과, 빵, 케이크, 커피 등에 이용
④ 후추, 정향과 함께 세계 3대 향신료 중 하나

7) 겨자

① 갓의 씨를 말려서 가루로 낸 것
② 시니그린이 미로시나아제에 의해 가수분해되어 알릴아이소사이오사이아네이트가 되어 매운맛을 냄
③ 잎은 쌈채소, 샐러드, 김치의 재료로 사용

8) 강황

① 생강과 비슷하며 독특한 향과 노란색을 내어 향신료 및 천연색소로 이용
② 맵고 쓴맛이 나며, 카레파우더의 재료로 이용

9) 월계수잎

① 달콤한 맛과 쓴맛이 어우러진 맛
② 잡냄새 제거 및 수프, 소스, 피클 등에 다양하게 사용

10) 민트(박하)

① 페퍼민트(매운맛), 스피어민트(향), 애플민트(사과향) 등의 많은 종류가 있음
② 음식에 많이 사용되는 것은 스피어민트
③ 육류, 생선, 수프, 소스, 음료 등에 사용

11) 올스파이스

① 정향, 너트맥(nutmeg), 계피 맛을 합친 것 같은 맛
② 매콤하거나 달콤한 요리에 풍미를 더하기 위해 사용
③ 피클, 육류 및 생선요리, 케이크, 쿠키 등에 사용

12) 사프란

① 붓꽃의 일종으로 암술을 말려서 사용
② 쓴맛과 단맛이 있고 식품에 사용 시 밝은 노란색을 띰
③ 쌀요리, 소스, 수프, 과자, 케이크 빵 등에 사용

10. 발색제(천연색소)

떡에 색을 내는 발색제는 종류에 따라 양을 달리함

1) 발색제의 기능 및 주의사항

① 떡의 색을 좋게 하여 기호성 증진

② 천연발색제는 종류에 따라 항산화, 항암, 항염, 면역개선 등의 기능 증진

③ 종류에 따라 분말, 생채소, 입자 등 다양하며 사용법을 달리함

④ 발색제 첨가 시 잘 섞어주면서 물을 조금씩 섞어 물과 발색제가 균일하게 섞이도록 함

⑤ 발색제 중 분말류는 수분첨가량을 늘리고, 즙 종류는 수분첨가량을 낮춤(색을 먼저 들인 다음 물을 조절)

⑥ 입자가 고운 분말은 물에 풀어서 사용하면 색이 잘 들지만 섬유질이 많은 분말은 쌀가루에 혼합 후 2, 3차 분쇄하여 사용

2) 발색제의 종류

(1) 분홍색

종류	특성
비트	• 선명한 붉은색 • 갈아서 즙으로 사용하거나 건조시켜 분말로 사용 • 물김치, 피클, 음료 등에 사용
딸기	• 비타민 C가 풍부하고 항산화작용 • 세척 후 쌀을 분쇄할 때 같이 분쇄 • 냉동딸기는 열을 가하면 색이 어두워지며, 딸기주스분말은 인공색소가 있어 열을 가해도 색이 변하지 않음
오미자	• 오미(단맛, 신맛, 쓴맛, 짠맛, 매운맛)를 냄 • 사용하기 전날 찬물에 담가 색을 우려냄 • 뜨거운 물에 우리면 쓴맛과 떫은맛을 낼 수 있음
지치	• 지초, 자초라고 불림 • 기름에 넣고 끓이면 붉은색의 기름이 됨 • 곤떡은 고운떡이라고도 불렸으며, 화전을 부칠 때 지치기름으로 지진 떡

(2) 초록색

종류	특성
쑥, 시금치, 녹차, 승검초, 연잎, 모싯잎	• 섬유질이 많은 채소분말(쑥분말, 모싯잎분말, 승검초분말 등)은 물에 잘 풀어지지 않으므로 1차 분쇄한 쌀가루에 혼합 후 2, 3차 분쇄하여 사용 • 섬유질이 많은 채소분말은 이물질과 질긴 섬유질을 제거하고 쌀과 분쇄하여 사용 • 채소에는 수분함량이 많으므로 첨가하는 채소량의 80%는 본래의 물 첨가량에서 빼고 계산

(3) 노란색

종류	특성
치자	• 대표적인 노란색 색소로 식품, 염색 등에 사용 • 통치자를 그대로 사용하거나 반으로 갈라 따뜻한 물에 담가 우려낸 후 체에 걸러 사용
단호박	• 비타민 A와 베타카로틴이 풍부 • 찜통에 찐 후 식혀서 쌀가루에 섞어서 사용 • 수프, 죽, 튀김, 찜 등에 이용
송화	• 소나무의 꽃가루를 물에 수비한 후에 말려서 가루로 사용 • 다식, 각색편 등에 사용
울금	• 생강과로 약용, 식용, 염색용 등에 사용 • 뿌리를 물에 삶거나 찐 후에 건조하여 가루로 사용 • 커큐민 성분은 소화, 혈액순환에 도움

(4) 보라색

종류	특성
자색고구마	• 안토시아닌과 식이섬유 풍부 • 분말로 이용할 경우 물에 풀어서 사용
백년초	• 부채선인장 또는 손바닥선인장의 열매로 적색색소는 베타시아닌 • 열을 가하면 색이 옅어지므로 익힌 후에 첨가 • 식이섬유, 무기질, 칼슘, 철분 등이 풍부해 노화방지와 성인병 예방에 효과 • 초콜릿, 떡, 음료 등에 사용

(5) 갈색

종류	특성
커피	• 커피가루를 물에 녹여 사용하거나 진하게 내린 커피를 사용

종류	특성
코코아	• 카카오나무의 종자를 말린 가루 • 수분함량이 낮아 물에 풀어서 사용 • 음료, 과자, 디저트 등에 사용
계피	• 후추, 정향과 함께 세계 3대 향신료 • 계수나무 껍질을 말린 것으로 통계피, 가루로 이용 • 계피차, 수정과, 떡고물, 약식, 커피 등에 사용
대추고	• 대추를 삶아 씨와 껍질을 제거한 후 체에 걸러 잼 농도로 조린 것 • 대추차, 약식, 약편 등에 사용
송기	• 소나무의 속껍질을 말려 가루낸 것 • 송편, 각색편 등에 사용

(6) 검은색

종류	특성
흑미	- 쌀의 바깥부분에 색소성분이 존재 - 가능한 재빨리 씻고 수침 후 헹구지 않고 건져서 빻은 뒤에 사용 - 흑미영양찰떡, 흑미인절미 등에 사용
흑임자	- 검은깨를 볶아 가루로 만들어 사용 - 깨찰편, 경단, 인절미 등에 사용
석이버섯	- 물에 불려 안쪽의 이물질을 제거하고 사용 - 분말이나 채를 썰어 발색제 또는 고명으로 사용 - 석이단자, 석이병 등에 사용

❸ 떡류 재료의 영양학적 특성

1. 영양의 의의와 영양소

• 영양이란 생명체가 외부에서 물질을 섭취한 후 이를 이용하고 배설하면서 성장하고 생명을 유지하는 것

• 6대 영양소 : 탄수화물, 단백질, 지방, 무기질, 비타민, 물

1) 열량소

체내에서 산화, 연소하여 열을 발생함으로써 에너지를 공급하는 것. 탄수화물, 단백질,

지방은 1g당 각각 4kcal, 4kcal, 9kcal의 열량을 냄

2) 구성소

인체의 조직을 구성하는 영양소로 단백질, 무기질 등이 있음

3) 조절소

인체의 생리기능을 조절하는 영양소로 무기질, 비타민 등이 있음

2. 영양소의 종류와 기능

1) 탄수화물

① 탄소(C), 수소(H), 산소(O)로 구성
② 1g 당 4kcal의 에너지를 냄
③ 대사작용에 티아민(B_1)이 필요
④ 체내 혈액 중 포도당 형태(0.1%)로, 간과 근육에 글리코겐 형태로 저장
⑤ 식품계에 널리 분포되어 있고 주된 에너지 공급원(전체 열량의 65%)
⑥ 인체 내 소화흡수율이 약 98%이며, 피로회복에 좋음
⑦ 감미료로 사용됨
⑧ 단백질 절약작용 및 케톤증 예방, 세포의 기능유지(뇌, 적혈구, 신경세포는 포도당만을 에너지원으로 사용)

(1) 탄수화물의 분류

① **단당류** : 당질을 이루는 가장 기본적인 당

- 포도당(glucose) : 소화과정을 거치지 않고 소장에서 바로 흡수. 섭취량 과다로 글리코겐과 지방의 형태로 저장. 혈당의 급원으로서 과일, 채소, 꿀, 엿기름, 특히 포도에 다량 함유
- 과당(fructose) : 당류 중 단맛이 가장 강함. 자당과 이눌린의 가수분해로 얻어짐. 잘익은 과일, 꿀등에 함유
- 갈락토오스(galactose) : 유즙(모유, 우유 등)에 함유된 유당의 성분. 갈락토오스

자체로는 존재하지 않음

② **이당류** : 단당류가 2개 결합하여 만들어진 당

- 자당(설탕, 서당, sucrose) : 포도당+과당. 사탕무나 사탕수수를 농축, 정제하여 제조. 산이나 효소로 가수분해하면 단맛이 더 강한 전화당이 됨
- 유당(젖당, lactose) : 포도당+갈락토오스. 포유동물의 유즙에 존재. 당류 중 단맛이 가장 적음. 장내 유산균의 발육을 활발하게 해서 잡균의 번식 억제. 유당분해효소(락타아제)가 부족하거나 활성이 저하되면 소화가 어려움
- 맥아당(엿당, maltose) : 포도당+포도당. 엿기름에 함유. 전분이 가수분해되는 중간산물

③ **올리고당** : 단당류가 3~10개 연결된 형태. 장내 유익균의 영양원으로 대장환경 개선

- 라피노즈 : 포도당+과당+갈라토오스가 결합된 3당류
- 스타키오스 : 포도당+과당+갈락토오스+갈락토오스가 결합된 4당류
- 기능성 올리고당 : 프락토올리고당, 갈락토올리고당, 자일로올리고당

④ **다당류** : 10개 이상의 단당류가 결합된 것으로 단맛이 없고 물에 용해되지 않음

- 전분(녹말, starch) : 주된 에너지급원. 물에 녹지 않고 요오드와 반응하면 청색. 멥쌀은 아밀로오스 20~30%, 아밀로펙틴 70~80%, 찹쌀은 아밀로펙틴 약 100%로 구성. 곡류, 감자류, 두류의 주성분
- 글리코겐(동물성 녹말, glycogen) : 동물의 저장 다당류. 간이나 근육에 저장하는 탄수화물로 포도당으로 쉽게 전환됨. 육류, 조개류, 효모 등. 요오드와 반응하면 갈색과 붉은색으로 변함
- 섬유소(cellulose) : 인체의 소화효소로 소화되지 않고 배설. 배변운동을 돕고 장내에서 비타민 B군의 합성을 촉진. 주로 식물의 세포벽에 존재. 수용성 섬유소(펙틴, 검, 뮤실리지)와 불용성 섬유소(셀룰로오스, 헤미셀룰로오스, 리그닌 등)가 있음
- 펙틴(pectin) : 세포벽 또는 세포 사이에 존재하는 다당류. 반섬유소 상태로 당을 가하면 겔을 형성하므로 잼이나 젤리 제조에 이용. 과실류, 감귤류 껍질에 많이 함유

- 알긴산(alginic acid) : 미역이나 다시마 같은 해조류 점액성분의 식이섬유. 우리 몸의 미세먼지나 중금속 배출
- 한천(agar) : 우뭇가사리 등 홍조류에 존재하는 점액성분. 겔화력이 커서 과자, 양갱, 젤리 등에 이용

(2) 탄수화물의 소화

① 구강

- 치아의 저작활동에 의한 물리적 소화작용
- 침속 아밀라아제(amylase, 최적 pH 6.6)에 의해 덱스트린이나 맥아당으로 분해

② 위

- 산에 의해 타액 아밀라아제 작용 중지
- 위에는 당질분해효소가 없으나 위의 수축운동과 강산에 의해 음식물은 유미즙(반액체상태)이 되고 소장에서의 효소작용을 효과적으로 해줌

③ 소장

- 모든 탄수화물이 단당류로 분해
  수크라아제(sucrase) : 설탕을 포도당과 과당으로 분해
  말타아제(maltase) : 맥아당을 포도당과 포도당으로 분해
  락타아제(lactase) : 유당을 포도당과 갈락토오스로 분해
- 불용성 섬유소와 소화 흡수되지 않은 물질들은 직장으로 이동하여 대변으로 배설

(3) 탄수화물의 흡수, 대사

① 분해된 단당류는 소장에서 흡수

② 소장의 융모로 흡수된 단당류는 혈액을 통해 각 조직세포로 이동

③ 포도당 부족으로 혈당 저하 시 글리코겐이 포도당으로 분해

2) 단백질

① 탄소(C), 수소(H), 산소(O), 질소(N)로 구성

② 1g당 4kcal의 에너지를 냄

③ **기능** : 체조직의 성장과 유지, 효소와 호르몬 합성, 혈액단백질 생성(체액의 평형유지, 체액의 산,염기 조정, 영양소 운반), 항체와 면역세포 형성, 포도당 신생과 에너지 공급원

④ **결핍** : 콰시오커(kwashiorkor, 단백질 결핍), 마라스무스(marasmus, 단백질과 열량이 동시 결핍)

⑤ 여러 가지 펩티드 결합으로 구성된 단백질은 분해되면 기본 단위인 아미노산이 됨

⑥ 체내에서 합성되지 않아 반드시 음식물을 통해 섭취해야 하는 필수아미노산(이소루신, 루신, 리신, 메티오닌, 페닐알라닌, 트레오닌, 트립토판, 발린, 히스티딘)과 체내 합성이 가능한 불필수아미노산 등이 있음

⑦ **열, 산, 기계적 작용으로 변성** : 식품단백질의 이용성을 높여줄 수 있음

⑧ 전체 에너지 섭취량 중 15~20% 공급

⑨ 사용하고 남은 아미노산은 체지방으로 전환되어 저장

(1) 단백질의 필수아미노산 조성에 따른 분류

① **완전단백질**

- 인체의 성장과 유지에 효율 높은 양질의 단백질. 주로 동물성 단백질. 필수아미노산을 모두 함유. 생명유지, 성장발육, 생식기능 등
- 우유 : 카세인, 락토알부민
- 달걀 : 오보알부민, 오보비텔린
- 콩 : 글리시닌
- 밀 : 글루테닌, 글루텔린
- 생선 : 미오겐

② **부분적 불완전단백질**

- 동물의 성장을 돕지는 못하나 생명을 유지시키는 단백질. 몇 종류의 필수아미노산 함량이 부족. 주로 식물성 단백질
- 밀 : 글리아딘
- 보리 : 호르데인
- 쌀 : 오리제닌

- 귀리 : 프롤라민

③ 불완전단백질

- 1개 이상의 필수아미노산 함량이 극히 부족한 단백질. 장기 섭취 시 동물의 성장지연, 체중감소 등
- 옥수수 : 제인
- 육류 : 젤라틴

(2) 단백질의 화학적 분류

① 단순단백질

- 아미노산만으로 구성
- 알부민 : 오보알부민(달걀), 락토알부민(유즙), 혈청알부민(혈액), 미오겐(근육)
- 글로불린 : 오보글로불린(난백), 락토글로불린(유즙), 혈청글로불린(혈액), 글리시닌(콩)
- 글루텔린 : 오리제닌(쌀), 글루테닌(밀)
- 프롤라민 : 호르데인(보리), 글리아딘(밀), 제인(옥수수)
- 알부미노이드 : 케라틴(모발), 콜라겐(뼈), 엘라스틴(힘줄)
- 프로타민 : 살민(연어 정액), 크로페인(청어 정액)
- 히스톤 : 글로빈(혈액), 히스톤(흉선)

② 복합단백질

- 단순단백질에 탄수화물, 인산, 지방, 색소 등 다른 영양성분을 함유한 것
- 핵단백질(핵산), 지단백질(지방), 인단백질(인산), 당단백질(탄수화물), 금속단백질(철, 구리, 아연 등), 색소단백질(헤모글로빈)

③ 유도단백질

- 단백질이 산, 알칼리, 효소, 가열 등에 의해 가수분해된 것
- 1차 유도 단백질 : 변성단백질. 카세인이 변성한 파라카세인, 콜라겐이 변성한 젤라틴 등
- 2차 유도 단백질 : 분해단백질. 1차 유도단백질이 효소에 의해 가수분해된 중간산

물, 프로테오스, 펩톤, 펩티드 등

(3) 단백질의 소화

① **입** : 단백질 소화효소가 없고 단지 저작작용만 있음

② **위** : 단백질 소화효소인 펩신에 의해 펩톤으로 분해. 단백질의 일부만 소화

③ **소장** : 소장액의 단백질 분해효소와 췌장액의 분해효소에 의해 아미노산으로 완전히 분해

(4) 단백질의 흡수, 대사

① 단순확산이나 능동수송에 의해 간으로 이동

② 인체 각 조직의 요구에 따라 필요한 부분으로 이동

③ 단백질 소화흡수율은 약 92%(동물성 단백질 97%, 식물성 단백질 78~85%)

3) 지질

① 탄소(C), 수소(H), 산소(O)로 구성

② 1g당 9kcal의 고효율 에너지원

③ 지방산을 포함하거나 지방산과 결합되어 있는 물질

④ 상온에서 고체인 지방(fat)과 액체인 지방(oil)이 있음

⑤ 물에 녹지 않고 에테르, 알코올, 벤젠 등의 유기용매에 녹음

⑥ 필수영양소로서 지용성 비타민의 흡수촉진

⑦ 전체 에너지 섭취량 중 15~20% 공급

⑧ 필수지방산은 체내에서 합성되지 않아 반드시 식품으로 섭취해야 하며, 전체 열량의 1~2%를 섭취해야 함(식물성 기름에 많음)

⑨ 음식에 맛, 향미, 포만감 제공

⑩ 체온조절 및 장기보호 기능

(1) 지질의 분류

① **단순지질**

- 지방산과 알코올이 에스테르 결합한 것

- 중성지방 : 글리세롤 1개와 지방산 3개가 에스테르 결합한 트리글리세라이드
- 납(왁스) : 1가의 고급 알코올과 지방산이 에스테르 결합한 것. 영양적 가치가 없음

② 복합지질

- 단순지질에 다른 성분이 결합된 것
- 인지질 : 글리세롤에 지방산, 인산기, 염기 등이 결합한 것. 친수기와 소수기를 다 갖고 있어 유화제로 작용(난황)
- 당지질 : 스핑고신에 지방산, 인산, 당이 결합된 것. 세레브로시드, 강글리오시드가 있음
- 지단백질 : 지방에 단백질이 결합된 것. VLDL, LDL, HDL

③ 유도지질

- 단순지질이나 복합지질 가수분해 시에 생성되는 지질
- 지방산(오메가3, 오메가6, 트랜스지방산, 포화지방산, 불포화지방산, 필수지방산 등), 알코올, 스테롤(콜레스테롤, 에르고스테롤 등) 등
- 필수지방산 : 인체의 성장과 유지에 필수적이나 체내에서 합성되지 않거나 양이 부족하여 음식으로 반드시 섭취해야 하는 지방산. 리놀레산, α-리놀렌산, 아라키돈산. 피부병 예방, 생체막의 구조적 완전성 유지, 두뇌발달과 시각기능 유지, 아이코사노이드의 전구체 합성

④ 이중결합수에 의한 지방산 분류

- 포화지방산 : 지방산 사슬 내의 탄소와 탄소 사이에 단일결합만으로 이루어진 것. 융점이 높고 상온에서 고체상태. 대부분 동물성 기름에 많으나 어유는 불포화지방산이 많아 예외. 야자유, 팜유, 마가린은 식물성이나 포화지방산 다량 함유. 팔미트산(palmitic acid), 스테아르산(stearic acid) 등
- 불포화지방산 : 지방산 사슬 내의 탄소와 탄소 사이에 이중결합이 있는 것. 이중결합수가 많을수록 융점이 낮고 상온에서 액체상태. 이중결합이 1개(단일불포화지방산, 올리브유의 올레산), 이중결합이 2개 이상(다중불포화지방산. 옥수수기름, 콩기름, 참기름 등의 리놀레산)

⑤ **이중결합 위치에 의한 지방산 분류**

- 오메가3 지방산 : 메틸기로부터 3번째 탄소에서 이중결합이 시작. 들기름, 콩기름에 다량 함유. α-리놀렌산(들기름. EPA 합성)
- 오메가6 지방산 : 메틸기로부터 6번째 탄소에서 이중결합이 시작. 리놀레산(옥수수기름, 참기름 등), 아리키돈산(육류, 난황 등)
- 오메가9 지방산 : 메틸기로부터 9번째 탄소에서 이중결합이 시작. 올레산(올리브유, 카놀라유)

⑥ **탄소사슬의 모양에 의한 지방산 분류**

- 시스형 지방산 : 이중결합을 이루는 탄소 2개에 결합된 수소원자 2개가 같은 방향. 대부분의 불포화지방산이 여기에 속함
- 트랜스형 지방산 : 이중결합을 이루는 탄소 2개에 결합된 수소원자 2개가 서로 반대 방향. 액체의 식물성 기름에 수소를 첨가하여 고체상태로 만든 경화유. 마가린, 쇼트닝 제조 시에 생기는 지방산. 체내에서 혈중 콜레스테롤 농도를 올림

(2) 지질의 소화

① **입, 위** : 구강에서 리파아제(lipase)가 분비되나 입안에서는 소량만 소화. 흔히 음식의 지질은 소수성의 긴 사슬지방으로 구강, 위와는 무관. 유지방은 구강과 위에서의 리파아제 작용이 중요

② **소장** : 소장에서 소화가 거의 이루어짐. 글리세롤, 지방산, 인지질, 콜레스테롤 등으로 분해

(3) 지질의 흡수, 대사

① 지방산의 사슬길이에 따라 흡수경로가 다르나 글리세롤, 모노글리세라이드, 콜레스테롤 등 지질 가수분해물은 세포 안팎의 농도 차에 의한 단순 확산을 통해 세포 내로 흡수

② 간은 지질대사의 중심기관으로 중성지방, 콜레스테롤의 분해와 합성이 활발하게 이루어지는 곳이며, 체지방 조직에서도 지질대사가 활발히 이루어짐

4) 무기질

① 인체를 구성하는 원소 중 유기물의 구성원소인 탄소(C), 수소(H), 산소(O), 질소(N)를 제외한 원소들의 총칭

② 체중의 4~5%

③ 탄소(C)를 함유하지 않으므로 에너지를 생성하지 않으나 체내 여러 생체기능의 조절 및 유지에 필수

④ 신체의 구성성분, 여러 대사반응의 촉매로 작용하거나 반응속도를 조절, 평형작용(산, 알칼리평형, 체액의 평형조절)

(1) 다량 무기질

① **칼슘**

- 체중의 1.5~2%
- 체내 가장 많은 무기질. 99%는 골격과 치아, 1%는 혈액과 체액에 존재
- 기능 : 골격과 치아의 구성성분, 혈액응고, 신경전달물질의 방출, 근육 수축 및 이완작용
- 결핍 : 구루병, 골연화증, 골다공증, 근육경련, 고혈압 등
- 과잉증 : 고칼슘혈증, 변비, 신장결석 등
- 급원식품 : 유제품, 뼈째 먹는 생선, 수산(녹색채소와 과일에 함유)은 칼슘의 흡수를 방해, 칼슘과 인의 비율(1 : 1인 경우 칼슘의 흡수 최대, 인의 비율이 높으면 칼슘이 대변으로 배설)

② **인**

- 체중의 0.8~1%
- 칼슘 다음으로 체내에 많은 무기질. 인의 80%는 골격과 치아 조직 형성. 나머지는 근육, 장기, 체액 등에 분포
- 기능 : 골격과 치아 구성, 에너지대사 관여, 비타민과 효소의 활성화, 신체 여러 물질의 구성성분, 완충작용(산과 알칼리 평형조절)
- 결핍 : 결핍은 드물지만, 식욕부진, 근육약화, 뼈의 약화 등
- 과잉증 : 칼슘이 적고 인이 과잉되면 골밀도 감소

- 급원식품 : 거의 모든 식품에 있으며, 특히 단백질함량이 풍부한 어육류, 난류, 유제품 등

③ **마그네슘**

- 대부분 칼슘 및 인과 결합하여 뼈에 존재하고 나머지는 근육과 연조직에 존재
- 기능 : 골격과 치아의 구성성분, 에너지 대사, 세포의 신호전달, 신체 여러 물질의 구성성분
- 결핍 : 정상적인 경우 결핍이 드물지만 신경이나 근육에 심한 경련, 뼈의 성장장애, 골다공증 초래
- 과잉증 : 과다한 보충제 복용 시 설사, 근력약화, 호흡곤란, 심장박동 이상 등
- 급원식품 : 자연계에 널리 분포. 전곡류, 견과류, 땅콩 등

④ **나트륨**

- 세포외액의 주된 양이온으로 체중의 0.2%
- 소장에서 섭취량의 95%가 흡수되며, 신장에서 재흡수된 후 소변으로 배설
- 기능 : 수분 및 산염기의 평형 조절, 세포막의 전위 유지(신경자극의 전달, 근육수축과 심장기능유지 조절), 영양소의 흡수와 수송
- 결핍 : 결핍증은 드물지만 무기력, 메스꺼움, 근육경련, 어지러움 등을 유발
- 과잉증 : 고나트륨혈증, 고혈압, 위암과 위궤양 발병률 증가. 건강유지를 위한 1일 최소량은 500mg이나 우리나라의 경우 과다섭취가 문제임
- 급원식품 : 가공식품, 간장, 된장, 베이킹파우더, 화학조미료, 아질산나트륨(발색제) 등

⑤ **칼륨**

- 칼슘과 인 다음으로 체내에 많이 존재
- 세포내액의 주된 양이온으로 98%가 세포내액에 함유. 섭취된 칼륨의 약 85% 이상 소장에서 흡수. 신장은 칼륨의 균형을 유지시키는 주된 조절기구
- 기능 : 막 전위 유지(신경전도, 근육수축, 심장기능 유지에 필수적인 역할), 수분 및 산염기의 평형 조절(세포 내 삼투압에 영향), 탄수화물과 단백질 대사 관여
- 결핍 : 식품 내에 골고루 함유되어 있어 정상적 식사로 결핍증은 일어나지 않음

근육마비, 부정맥 등

- 과잉증 : 일상적 식사보다는 보충제로서 칼륨 과다섭취 시 부정맥으로 인한 심부전
- 급원식품 : 고구마, 감자, 멸치, 토마토, 시금치, 바나나 등

(2) 미량무기질

① 철

- 체내에 약 3~4g
- 철의 67~70%는 적혈구의 헤모글로빈의 헴(heme)을 구성하고 산소를 운반하며 조혈작용
- 십이지장이나 공장에서 주로 흡수. 흡수율은 평균 10% 정도이며 비헴철(흡수율 5%)에 비해 헴철의 흡수율(흡수율 20~25%)이 높음(동물성 식품의 철 40%는 헴철이며, 식물성 식품의 철은 모두 비헴철)
- 기능 : 산소운반과 저장(헤모글로빈과 미오글로빈 구성성분), 효소와 조효소(효소의 구성성분으로 에너지 대사에 관여, 콜라겐 합성에 관여), 정상적인 면역기능 유지, 신경전달물질의 합성에 관여
- 결핍 : 철결핍성 빈혈
- 과잉증 : 철을 저장하는 기관 손상, 심장질환, 감염위험도 증가
- 급원식품 : 육류, 어패류, 가금류(흡수율이 높음), 곡류 및 푸른잎채소 등(비헴철로 흡수율 낮음)

② 아연

- 인체의 모든 세포에 존재하며, 간, 췌장, 신장, 뼈, 근육 등에 높은 농도로 존재
- 소장에서 흡수되며 흡수율은 10~30%(동물성 단백질식품은 흡수를 높임)
- 기능 : 효소의 구성성분(주요 대사과정과 반응 조절), 성장 및 면역기능(핵산합성 관여), 비타민 A의 이용, 미각, 갑상선 기능, 상처치유 등
- 결핍 : 우유단백질인 카세인이 흡수를 방해. 성장지연, 야맹증, 탈모, 식욕부진, 감염증가 등
- 과잉증 : 과잉은 드물지만 보충제로 인한 과잉 시 철과 구리의 흡수 억제로 인한 빈혈 등

• 급원식품 : 굴, 조개류, 육류와 같은 고단백질 식품, 곡류의 배아와 외피 등

③ 요오드

• 체내에 15~30mg 정도 존재하며 이 중 70~80%가 갑상선에 존재
• 소장에서 흡수되어 갑상선으로 이동
• 기능 : 갑상선호르몬의 합성에 사용(갑상선호르몬은 정상적인 발달에 필요), 체내 대사 조절, 체온유지, 생식, 성장 등
• 결핍 : 단순갑상선종, 크레틴병(발육저하 아이 출산)
• 과잉증 : 갑상선기능항진증, 갑상선중독증(바세도우씨병)
• 급원식품 : 해조류, 어패류, 해산물 등

5) 비타민

① 생명유지와 성장을 위해 미량을 필요로 하는 영양소
② 에너지를 생성하지 않지만 체내 대사조절에 관여
③ 체내에서 합성되지 않거나 필요한 만큼 합성되지 않으므로 반드시 식품으로 섭취

(1) 수용성 비타민

• 물에 녹으며 과량 섭취 시 소변으로 배설
• 결핍증이 빨리 나타나므로 소량씩 자주 섭취해야 함
• 체내에서 특수한 조효소의 구성성분으로 작용
• 체액 내에서 자유로이 순환되고 과잉분은 소변으로 쉽게 배설

① 티아민(비타민 B_1)

• 산화에 강하고 열과 알칼리에 약함(채소 데칠 때 소다 첨가 시 파괴)
• 기능 : 에너지 대사에 관여, 오탄당 인산회로의 조효소, 정상적인 신경자극 전달 등
• 결핍증 : 각기병(백미를 주식으로 하거나 탄수화물 위주의 식사 시)
• 급원식품 : 육류, 전곡류, 두류, 건조효모, 밀배아 등

② **리보플라빈(비타민 B_2)**

- 열에 안정하나 자외선에 약함
- 기능 : 에너지 생성과정에 관여, 항산화기능, 트립토판으로부터 니아신 합성과정에 관여
- 결핍증 : 구각염, 구순염, 설염, 빛에 대한 과민증 등
- 급원식품 : 흰색식품(우유와 유제품), 적색식품(육류, 생선, 가금류), 녹색(채소) 등

③ **니아신**

- 빛, 열, 산화, 산, 알칼리 등에 안전
- 트립토판으로부터 니아신 합성
- 기능 : 에너지 대사과정에 관여, 지방산의 합성, 스테로이드의 합성에 관여
- 결핍증 : 혀, 입 등에 염증, 빈혈, 펠라그라(4D's : 피부염, 설사, 치매, 죽음)
- 급원식품 : 육류, 닭고기, 생선, 전곡, 견과류, 우유, 계란 등

④ **판토텐산**

- 동물의 성장 및 항피부염 인지기능이 있는 코엔자임 A(CoA)의 구성성분
- 기능 : 탄수화물, 지질, 단백질의 분해대사에서 에너지 생성에 관여. 지방산, 콜레스테롤, 스테로이드호르몬의 합성, 아세틸콜린 합성
- 결핍증 : 흔하지 않으나 결여된 식품 섭취 시 손과 발의 무감각, 두통, 면역력 저하 등
- 급원식품 : 내장육, 생선, 가금육, 전곡, 콩류 등

⑤ **피리독신(비타민 B_6)**

- 광선에 의해 쉽게 분해
- 기능 : 아미노산 대사, 신경전달물질 합성, 탄수화물 대사, 적혈구의 합성, 니아신의 형성에 조효소로 작용 등
- 결핍증 : 피부염, 구각염, 설염, 근육경련, 빈혈(소적혈구성 빈혈) 등
- 급원식품 : 육류, 생선류, 가금류, 전곡, 견과류, 바나나와 채소 등

⑥ 비오틴

- 황을 함유한 비타민
- 공기, 빛, 열 등에 비교적 안정하나 자외선에 의해 파괴
- 기능 : 지질, 탄수화물, 아미노산 대사과정에 관여, 옥살로아세트산의 생성에 관여, 말로닐 CoA 생성에 관여
- 결핍증 : 대부분의 식품에 포함되어 있어 결핍은 흔하지 않으나 생난백 과량섭취 시 생난백 중의 아비딘이 비오틴 흡수를 방해. 원형탈모, 지루성피부염, 결막염, 설염, 우울증 등
- 급원식품 : 거의 모든 식품. 특히 간, 신장, 난황, 콩, 효모, 견과류 등

⑦ 엽산

- 체내엽산의 반 이상이 간에 저장되며, 과잉의 엽산은 재흡수되거나 대변으로 배설. 알코올은 엽산 흡수 방해와 함께 배설 증가로 결핍을 악화시킴. 영유아기, 성장기, 임신 · 수유기는 엽산 필요량이 증가. 식품 중의 비타민 C는 엽산의 파괴를 방지
- 기능 : 퓨린과 피리미딘 염기의 합성(DNA가 정상적으로 합성되지 못해 세포분열이 제대로 이루어지지 않음), 메티오닌 합성
- 결핍 : 단백질 손상, 적혈구 손상, 거대적아구성 빈혈 등
- 급원식품 : 간, 조리하지 않은 신선한 과일과 채소류 등

⑧ 코발아민(비타민 B_{12})

- 코발트를 함유. 장내 미생물에 의해 일부 합성, 수용성, 간에 저장
- 기능 : 세포의 분열과 성장에 관여, 메티오닌 합성, 신경세포의 유지 등
- 결핍 : 악성빈혈(섭취보다는 흡수장애가 원인), 신경손상, 완전 채식주의자나 노인의 경우 부족되기 쉬움
- 급원식품 : 육류, 어류, 조개류, 계란, 우유 등

⑨ 비타민 C

- 항괴혈성 인자, 사람은 합성되지 않으므로 반드시 섭취해야 함
- 섭취량에 따라 흡수율이 달라지며, 과잉섭취 시 소변으로 배설

- 산에 안정, 산화, 빛, 열, 알칼리에 의해 쉽게 파괴되고 가열조리 중 파괴되기 쉬우므로 신선한 상태로 섭취하며, 공기노출, 금속용기와의 접촉을 피함
- 기능 : 항산화작용, 콜라겐 합성, 철 · 칼슘 흡수촉진, 카르니틴 생합성, 신경전달물질의 합성 등
- 결핍 : 괴혈병(피하출혈, 건조한 피부 등), 잇몸출혈, 장기 결핍 시 심근 퇴화, 빈혈, 감염증 등
- 급원식품 : 신선한 과일과 채소. 동물성 식품과 곡류에는 거의 없음

(2) 지용성 비타민

- 기름에 녹으며 과량섭취 시 체내 특히 간에 축적
- 주기적인 섭취가 필요
- 지용성 비타민의 흡수를 위해 지질의 섭취와 담즙산염이 필요
- 비타민 K를 제외한 지용성 비타민은 체외로 쉽게 배설되지 않고 간과 지방조직에 축적되므로 장기 과량섭취 시 독성이 나타날 수 있음

① 비타민 A

- 동물성 식품 중에는 레티놀에 지방산이 결합된 형태, 식품성 식품 중에는 카로티노이드 종류 중 몇 가지(카로티노이드)가 레티놀로 전환되어 비타민 A의 기능을 수행
- 열 · 산 · 알칼리에 강하나 산소와 자외선에 불안정
- 기능 : 시각기능, 세포분화와 상피조직의 유지, 치아와 골격의 정상적인 성장과 발육, 항암작용과 항산화작용, 면역기능, 다른 비타민과의 길항작용(과량의 비타민 A는 다른 지용성 비타민과 항산화작용을 하는 수용성 비타민 C에 대해 길항작용)
- 결핍 : 야맹증, 각막, 피부, 장 점막세포의 각질화
- 과잉증 : 식욕상실, 건조한 피부, 탈모, 두통, 피부착색, 간과 비장의 비대, 신경과민 등
- 급원식품 : 간, 생선간유, 우유, 유제품, 난황, 시금치, 당근 등

② 비타민 D

- 비타민 D_2(식물성 급원으로부터 자외선에 의해 생성)와 비타민 D_3(동물성 급원으로부터 자외선에 의해 생성)는 간과 신장에서 활성화
- 열, 빛, 산소에 안정하지만 산 · 알칼리에서는 불안정
- 기능 : 골격형성, 혈청 칼슘의 항상성 유지
- 결핍 : 구루병(골격형성의 이상), 골 이상(골연화증, 골다공증)
- 과잉증 : 햇빛 과다노출보다는 섭취과다로 인하며, 탈모, 체중감소, 혈중 요소의 증가, 고칼슘혈증 등
- 급원식품 : 대구간유, 간과 정어리, 청어, 참치, 연어, 청어 등의 기름진 생선, 난황, 버섯, 마가린 등

③ 비타민 E

- α, β, γ, δ-토코페롤 중 α-토코페롤의 활성이 가장 큼
- 연황식의 점성 있는 기름으로 지용성, 열에 안정, 산화와 자외선에 쉽게 파괴
- 기능 : 항산화기능, 노화예방, 면역기능
- 결핍 : 용혈성빈혈, 신경 · 근육계의 기능 감소, 근육의 조정과 반사능력 상실, 시력과 언어구사력 손상 등
- 과잉증 : 혈중 중성지방 증가, 갑상선호르몬의 저하, 두통, 흐린 시력, 근육약화, 지혈 지연 등
- 급원식품 : 종실류 및 식물성기름, 마가린, 전곡, 견과류, 두류, 생선 등

④ 비타민 K

- K_1(식물성 급원)과 K_2(동물성 급원, 장내 박테리아에 의해 합성)가 있음
- 열, 공기, 습기에 안정하나 강산, 알칼리, 빛에 의해 파괴
- 기능 : 혈액응고, 뼈의 석회화, 뼈 대사에 관여
- 결핍 : 항생제 장기복용 등으로 혈액응고 지연, 용혈, 신생아출혈(신생아는 장내세균이 존재하지 않음)
- 급원식품 : 녹색채소, 간 등

제2절 떡류 제조공정

❶ 떡의 종류와 제조원리

1. 떡의 종류

1) 찌는 떡(증병)

불린 곡물을 가루낸 후 수증기로 쪄내는 형태의 떡류. 설기떡류, 켜떡류, 빚어 찌는 떡류, 찌는 찰떡류 등이 있음

(1) 설기떡

① 곱게 분쇄한 쌀가루에 수분을 첨가하고 체에 내려 입자를 고르게 한 후 한덩어리가 되게 찐 떡
② 멥쌀가루만으로 만든 떡은 백설기라 함
③ 첨가하는 부재료에 따라 콩설기, 쑥설기, 감설기, 밤설기, 잡과병 등이 있음
④ 무리병(무리떡)이라고도 함

(2) 켜떡

① 멥쌀가루나 찹쌀가루를 찔 때 쌀가루를 나누어 켜와 켜 사이에 팥, 녹두, 깨 등의 고물이나 부재료를 얹어 찌는 떡
② 쌀가루 종류에 따라 메시루떡과 찰시루떡이 있음
③ 붉은팥 메(찰)시루떡, 거피팥 시루떡, 녹두시루떡, 느티떡, 호박떡, 콩찰편, 깨찰편 등

(3) 모양을 잡아가며 찌는 떡

① **두텁떡** : 거피팥고물 위에 양념한 찹쌀가루를 한 수저씩 올린 후 속고물을 놓고 다시 찹쌀가루, 고물 순으로 덮어 안친 후 찐 것

(4) 부풀려 찌는 떡

① 쌀가루에 술을 넣고 발효시켜 찐 떡
② 막걸리의 효모가 포도당을 분해하여 이산화탄소와 알코올을 생성
③ 지역에 따라 증편, 기주떡, 술떡 등으로 불림

2) 치는 떡(도병)

시루에 찐 메떡이나 찰떡을 안반이나 절구로 꽈리가 일도록 쳐서 끈기가 나도록 한 떡

(1) 가래떡

① 멥쌀가루에 수분을 첨가하여 찐 후 끈기가 나게 쳐서 길게 만든 떡
② 먹기 좋은 크기로 잘라 사용하기도 하고 얇고 동그랗게 썰어 떡국으로 이용
③ 백병 또는 설날, 나이를 한 살 더 먹는 떡이라 하여 첨세병이라고도 함

(2) 절편

① 멥쌀가루로 만든 가래떡을 떡살로 눌러 다양한 모양을 낸 떡
② 떡살 문양의 크기대로 잘라 절편이라 함
③ 쑥절편, 각색절편, 수리취절편 등

(3) 인절미

① 불린 찹쌀을 쪄서 뜨거울 때 안반이나 절구로 쳐서 끈기가 나게 한 떡
② 적당한 크기로 잘라 콩고물이나 거피팥고물, 깨고물 등을 묻힘
③ 떡을 끈기가 나게 칠 때 쑥, 수리취, 다진 대추 등을 넣어 쑥인절미, 수리취인절미, 대추인절미 등을 만듦

(4) 개피떡(바람떡)

① 멥쌀가루를 쪄서 쳐낸 다음 반죽을 밀어 소를 넣고 반달모양으로 만든 떡
② 찍어낼 때 공기가 들어가 부푼 모양이 되기 때문에 바람떡이라고도 함
③ 팥소를 조금 넣은 개피떡을 둘 또는 셋씩 붙인 것을 둘붙이 또는 셋붙이라고도 함

3) 빚는 떡

(1) 경단

① 찹쌀가루나 수수가루를 익반죽한 뒤 모양을 빚어서 끓는 물에 삶아내어 콩고물이나 깨고물 등을 묻힌 떡

② 각색경단은 각색의 고물을 묻혀 맛과 색을 다양하게 만든 경단으로 콩가루, 깨, 팥가루, 흑임자가루, 밤채, 대추채, 곶감채 등이 고명으로 사용됨

③ 수수경단은 찰수수가루를 익반죽하여 삶아낸 후 팥고물을 묻힌 경단으로 액을 면한다고 하여 백일상이나 돌상에 올림

(2) 송편

① 멥쌀가루를 익반죽하여 콩, 깨, 밤 등의 소를 넣고 모양을 성형한 후 찐 떡

② 가루에 쑥이나 송기를 섞기도 함

(3) 단자

① 찹쌀가루를 찌거나 삶아 꽈리가 일도록 쳐서 고물을 묻히거나 소를 넣고 고물을 묻혀내는 떡

② 대추단자, 밤단자, 잣단자, 유자단자, 쑥구리단자 등

4) 지지는 떡(유병)

찹쌀가루 등을 반죽하여 모양을 만들어 기름에 지진 떡

(1) 화전

① 찹쌀가루를 익반죽하여 동글납작하게 빚은 후 계절별로 다양한 꽃을 얹어 기름에 지진 떡

② 봄(진달래), 여름(장미), 가을(국화), 겨울(대추와 쑥갓)

(2) 주악

① 찹쌀가루를 반죽하여 대추, 깨, 유자 등의 다진 것을 소로 넣고 작은 송편 모양으로 빚어 기름에 지진 다음 집청한 떡

② 대추, 치자, 밤, 후추주악 등

(3) 부꾸미

① 찹쌀가루나 찰수수가루를 익반죽하여 팥소를 넣고 반달모양으로 빚은 후 지진 떡
② 수수부꾸미, 찹쌀부꾸미 등

2. 떡의 제조원리

1) 떡 제조 기본공정

(1) 쌀 세척 및 수침

① 쌀은 깨끗이 씻은 후 불림
② 쌀의 수분흡수율은 쌀의 품종과 정백도, 수침시간, 물의 온도에 영향을 받음
③ 여름 : 3~4시간, 겨울 7~8시간 정도 불림
④ 1kg 기준으로 멥쌀은 1.2~1.25kg, 찹쌀은 1.35~1.45kg으로 불어나며, 수분함량은 약 30~45% 정도가 됨

(2) 물 빼기

① 불린 쌀은 소쿠리나 채반에 담아 30분 이상 충분히 물기를 뺌

(3) 쌀가루 분쇄하기

① 불린 쌀 1kg 기준으로 약 10~13g의 소금을 넣어 분쇄
② 멥쌀의 경우 가루를 곱게 빻고, 찹쌀은 너무 곱게 빻으면 쌀가루가 잘 익지 않으므로 굵게 빻음

(4) 수분 주기(물 주기)

① 쌀가루의 호화가 잘 일어날 수 있도록 수분을 첨가하는 것(약 50%의 수분이 필요)
② 물 주기의 양은 쌀의 종류, 떡의 종류 등에 따라 다름(찹쌀은 아밀로펙틴의 함량이 높아 멥쌀가루보다 수분을 많이 함유하고 있음. 즉 찹쌀보다 멥쌀에 물을 더 많이 주어야 함)

③ 찌는 떡보다 치는 떡에 물을 더 많이 주어야 함

(5) 반죽하기

① 떡의 종류에 따라 찬물로 하는 날반죽, 끓는 물로 하는 익반죽이 있음
② 빚는 떡, 삶는 떡, 지지는 떡은 익반죽으로 하는 경우가 많음 : 쌀의 전분을 일부 호화시켜 반죽에 끈기를 주어 떡을 빚을 때 용이하게 하기 위함
③ 반죽은 많이 치댈수록 반죽 중에 기포가 많이 함유되어 떡의 보존기간이 늘어나고 식감이 부드럽고 쫄깃해짐

(6) 부재료 첨가하기

① 쌀가루와 함께 콩, 팥, 대추, 녹두 등의 재료를 섞는 과정
② 쌀가루와 고물을 섞어서 무리떡으로 하거나 켜켜이 뿌려 켜떡으로 하기도 함
③ 재료의 형태에 따라 수분 주기, 반죽하기, 찌기, 치기 과정에서 첨가
④ 다양한 부재료로 떡의 맛을 향상시키고 영양분을 보충

(7) 찌기

① 쌀가루를 시루나 찜기에 넣어 물이 끓는 냄비에 올려 증기로 찌는 과정
② 뚜껑에 마른 면포를 묶어 찌는 과정에서 뚜껑에 생기는 물방울이 떡에 떨어지는 것을 방지
③ 멥쌀은 여러 켜를 안쳐도 잘 쪄지나, 찹쌀은 증기가 쌀가루 위로 잘 오르지 못해 쌀가루를 얇게 안치거나 중간중간 고물을 켜켜이 넣어서 찜
④ 찰떡은 약 30분, 메떡은 약 20분 정도 소요됨(찰떡이 메떡에 비해 오래 걸림)

(8) 치기

① 치는 떡(인절미, 절편 등)을 만들 때 쌀의 아밀로펙틴 성분을 이용해 떡에 점성을 주는 과정
② 오래 칠수록 점성이 높아져 떡의 식감을 좋게 하고 노화속도도 늦춤

(9) 냉각과 포장

① 떡을 찐 후 뜸을 들이고 식히는 과정
② 가래떡은 찬물에 담가 빠르게 식히고, 찰떡은 뜨거울 때 바로 포장한 후 냉동
③ 식품포장용으로 적합판정을 받은 포장재나 용기 사용

2) 떡 제조원리

(1) 전분

① 전분 분자는 가열 시 엉기는 성질이 있는 아밀로오스(amylose. α-1, 4결합. 요오드정색반응에서 짙은 청색)와 끈기를 가지는 아밀로펙틴(amylopectin. α-1, 4와 α-1, 6결합. 요오드 정색반응에서 적갈색)으로 구성
② **미셀구조** : 분자의 결합이 치밀한 결정부분과 치밀도가 떨어지는 비결정부분으로 결합
③ 대부분의 전분은 아밀로오스와 아밀로펙틴으로 구성
④ **멥쌀** : 아밀로오스 20~25%, 아밀로펙틴 75~80%로 구성
찹쌀 : 대부분이 아밀로펙틴으로 구성
⑤ 생전분은 냉수에 녹지 않고 소화효소의 작용을 받기 어려움

(2) 전분의 호화(α화. gelatinization)

생전분에 물을 넣고 가열하면 흡수와 팽윤이 진행되고 전분용액의 점성과 투명도가 증가하면서 반투명의 콜로이드 상태로 되는 현상. 호화전분 또는 α-전분이라 함

① **전분의 종류** : 아밀로오스는 아밀로펙틴보다 호화되기 쉬우므로 찹쌀을 이용한 음식의 조리시간이 더 길
② **입자의 크기** : 전분입자의 크기가 클수록 호화되기 쉬우므로 감자류가 곡류의 입자보다 커서 호화가 잘됨
③ **수침시간과 가열온도** : 가열 전 전분을 수침할 경우 가열온도가 높을수록 호화되기 쉬움
④ **첨가물** : 물의 양이 많으면 호화되기 쉬움. 설탕, 산의 첨가는 호화를 방해. 지방은 전분의 수화를 지연시키고 점도가 증가되는 것을 방해

⑤ **젓는 정도** : 균일한 용액을 위해서는 잘 저어주어야 하나 지나치게 저어주면 전분입자가 파괴되어 점도가 낮아짐

(3) 전분의 노화(β화, retrogradation)

호화된 전분을 공기 중에 방치하면 불투명해지고 흐트러졌던 미셀구조가 규칙적으로 재배열되면서 생전분의 구조와 같은 물질로 변하는 현상

① **전분의 종류** : 아밀로오스는 노화되기 쉬우나 아밀로펙틴은 노화속도가 늦음
② **온도와 수분함량** : 0~4℃의 냉장온도, 수분함량 30~60%일 때 노화가 쉽게 일어남

노화를 방지하는 조건

① 수분함량과 온도 : 수분함량을 60% 이상 또는 15% 이하로 유지, 온도는 60℃ 이상의 온도
② 냉동탈수법 : 0℃ 이하로 냉동시켜서 급속히 탈수하여 수분함량을 15% 이하로 조절(냉동 건조미)
③ 설탕 : 설탕농도가 높으면 설탕의 흡습작용으로 노화 방지
④ 지방과 유화제 : 지방은 수소결합을 방해하여 노화를 방지하며 유화제는 노화를 억제

(4) 호정화(dextrinization)

① 전분을 비교적 높은 온도인 160~170℃에서 건열로 가열하면 가용성의 덱스트린으로 분해되는 과정
② 물에 녹기 쉬운 가용성 전분으로 용해성이 증가하고 점성은 낮아짐
③ **호정화를 이용한 식품** : 빵을 구울 때 빵의 표면, 미숫가루, 누룽지, 토스트, 루(roux) 등

(5) 당화(saccharification)

① 전분에 산이나 효소를 작용시켜 단당류, 이당류 또는 올리고당으로 가수분해되어 단맛이 증가하는 과정
② **당화를 이용한 식품** : 물엿, 조청, 시럽, 식혜, 고추장 등(식혜 : 보리를 싹 틔운 엿기름에 들어 있는 전분분해효소인 β-아밀라아제가 55~60℃에서 전분을 부분적으로 당화시켜 맥아당을 만듦. 이를 농축시킨 것은 조청)

(6) 겔화(gelation)

① 호화된 전분이 급속히 식어서 굳어지는 현상
② 겔화를 이용한 식품 : 도토리묵, 청포묵, 메밀묵, 오미자편 등

❷ 도구 · 장비 종류 및 용도

1. 전통적 떡 도구

1) 곡물 도정 및 분쇄도구

(1) 조리

물에 불린 쌀을 일어 돌을 걸러내는 데 쓰임

(2) 방아

곡물을 넣어 껍질을 벗기거나 빻아 곱게 가루 내는 도구

(3) 절구와 절굿공이

쌀을 곱게 가루로 만들거나 찐 떡을 칠 때 사용되는 도구

(4) 맷돌

둥글넓적한 돌 두 개가 포개어져 있고 중앙에 곡식을 넣는 구멍이 있으며, 손으로 잡고 돌리는 어처구니가 있는 모양. 콩, 팥, 녹두 등을 쪼개서 껍질을 벗기거나 가루로 만들 때, 물에 불린 곡식 등을 갈 때 사용되는 도구

(5) 맷방석

멍석보다 작고 둥글며 맷돌 밑에 깔거나 곡식을 널 때 사용되는 도구

(6) 돌확

곡식을 문질러 껍질을 벗기거나 찧을 때 사용되는 도구

2) 익히는 도구

(1) 시루

바닥에 작은 구멍이 여러 개 뚫려 있어 쌀이나 떡을 찔 때 사용되는 찜기 시루와 물을 붓는 솥이 닿는 부분에 김이 새는 것을 막기 위해 시룻번을 바름

(2) 번철

솥뚜껑을 뒤집어 놓은 듯한 모양으로 부침개, 화전 등을 지져낼 때 사용되는 둥글넓적한 철판

3) 떡 성형과 모양내기 도구

(1) 안반과 떡메

인절미나 절편 등과 같이 치는 떡을 만들 때 사용되는 도구
떡 안반 위에 떡 반죽을 올리고 떡메로 침

(2) 떡살

절편 등의 표면을 눌러 여러 가지 모양을 낼 때 사용되는 도구. 떡살 문양의 크기에 따라 알맞게 자르며, 문양은 동식물, 길상 등을 음양각으로 새겨 시각적으로 떡을 맛있어 보이게 함과 동시에 용도마다 그 모양을 달리함(수레바퀴 : 모든 일이 잘되도록 기원 / 격자 : 액운을 막아줌 / 모란 : 부귀영화)

(3) 편칼

인절미, 절편 등을 썰기 위한 조리용 칼로 시루칼이라고도 함

(4) 밀방망이, 밀판

개피떡을 만들 때 반죽을 넓게 밀기 위해 사용되는 도구

4) 기타 도구

(1) 이남박

안쪽 면에 여러 줄의 골이 파여 있는 나무바가지로, 쌀 등을 씻거나 쌀 속의 이물질을 골라내는 데 사용되는 도구

(2) 체

분쇄된 곡물가루를 일정하게 쳐내거나 거르는 도구. 구멍 크기에 따라 종류가 나누어짐

이름		용도	쳇불 눈의 크기
굵은체	어레미, 얼맹이, 얼레미, 도드미	떡가루나 메밀가루 등을 내릴 때 사용	지름 3mm 이상
중간체	중거리		지름 2mm
가루체	고운체, 깁체	설기떡가루나 송편가루 등을 내릴 때 사용	지름 0.5~0.7mm

(3) 동고리, 석작

바닥을 둥글납작하거나 네모지게 만든 소쿠리로 떡이나 한과를 담는 데 사용되는 도구

(4) 쳇다리

그릇 위에 놓고 체를 받치는 용도로 사용되는 도구. 쌀가루를 내리거나 술을 거를 때 받침대로 사용

(5) 채반, 소쿠리

재료를 널어 말리거나 물기를 뺄 때, 전 등을 지져서 식히기 위한 용도로 사용되는 도구

5) 현대의 도구

(1) 대나무찜기

떡이 잘 설지 않고 수증기가 맺히지 않아 떡을 찌기 편리한 도구

(2) 스테인리스 틀

고명을 모양내어 자르거나 다양한 모양의 떡을 찔 때 사용되는 도구

(3) 스크레이퍼

쌀가루 윗면을 평평하게 하거나 떡을 자를 때 사용되는 도구

(4) 증편틀

증편을 찔 때 사용되는 도구

(5) 사각틀

찰떡을 굳히거나 떡의 모양을 네모로 만들 때 사용되는 도구

(6) 곡류분쇄기(롤러밀)

쌀이나 곡류를 분쇄하는 현대식 기계로 롤러 사이를 조절하여 가루의 고운 정도를 결정할 수 있는 기계

(7) 제병기(떡을 성형하는 기계)

가래떡, 절편 등을 뽑아내는 기계

(8) 펀칭기(떡을 치는 기계)

인절미, 바람떡, 찹쌀떡 등 떡반죽을 대량으로 치댈 때 사용되는 기계

(9) 절단기(떡을 절단하는 기계)

인절미 절단기, 절편 절단기, 가래떡 절단기 등이 있음

CHAPTER 2

떡류 만들기

제1절 재료 준비

❶ 재료의 계량

1. 계량도구

1) 저울

중량을 측정하는 데 사용되며, 전자저울과 수동저울이 있다. 평평한 곳에서 저울의 눈금이 0인지 확인한 후 수동저울일 경우 저울의 정면에서 눈금을 읽음

2) 계량컵

부피를 측정하는 데 사용되며, 1컵은 200ml임

3) 계량스푼

부피를 측정하는 데 사용되며, 큰술(Table spoon, 15ml)과 작은술(tea spoon, 5ml) 등이 있음

4) 타이머

조리시간을 측정하는 데 사용되며 스톱워치와 타이머가 있음

5) 온도계

식품의 내부온도, 표면온도 등을 측정하는 데 사용되며, 용도에 따라 탕침용 온도계, 적외선 비접촉식 온도계 등으로 다양함

2. 계량방법 및 주의사항

1) 가루상태의 식품

밀가루 같은 고운 가루는 체에 친 후 누르지 않고 수북이 담아 평면이 되도록 수평으로 깎아서 계량

2) 액체식품

투명한 용기를 사용하며 눈높이와 수평을 맞춘 후 계량. 양이 적은 경우 계량스푼을 이용

3) 고체식품

버터나 마가린 같은 고체식품의 경우 부피보다는 무게(g)을 재는 것이 정확하며, 계량컵이나 계량스푼 이용 시 실온에서 약간 부드럽게 한 뒤 공간 없이 채워서 평면으로 깎아 계량

4) 알갱이 상태의 식품

쌀, 콩, 깨 같은 경우는 가득 담은 후 살짝 흔들어 평면이 되도록 깎아서 계량

5) 농도가 있는 양념

흑설탕, 잼과 같이 끈적거리는 성질이 있는 식품은 계량컵에 빈 공간 없이 눌러 담아 평면이 되도록 계량

3. 계량의 단위

표기형식 1	표기형식 2	ml(cc)	g변환
1컵	1 Cup(1C)	200ml	200g
1큰술	1 Table spoon(1Ts)	15ml	15g
1작은술	1 tea spoon(1ts)	5ml	5g
1온스	1 oz	30cc	28.35g

표기형식 1	표기형식 2	ml(cc)	g변환
1파운드	1 lb	453.6g	
1쿼터	1 quart	32oz=946.4ml	

❷ 재료의 전처리

1. 멥쌀, 찹쌀

① 2~3회 살짝 씻음(많이 씻으면 비타민 B_1 손실)

② 수침시간은 온도, 쌀의 품종 등에 따라 다름(여름 4~5시간, 겨울 7~8시간, 계절과 상관없이 8~12시간) : 수분함량 약 30%

③ 체에 밭쳐 30분간 물기를 뺌

2. 현미, 흑미

현미와 흑미는 껍질부분(미강)이 있어 불리는 시간이 더 오래 걸리므로 12시간에서 하루 정도 불림(3~4시간마다 깨끗한 물로 바꾸어줌)

3. 고물, 소 만들기

1) 붉은 팥고물

① 돌과 이물질을 제거하고 물을 부어 끓이다가 그 물을 버리고 다시 찬물을 부어 팥이 무를 때까지 약 1시간 정도 삶는다(팥고물용은 너무 푹 삶지 않는다).

② 끓기 시작하면 중불로 낮추고 거의 익으면 낮은 불에서 뜸을 들인다.

③ 스텐볼에 쏟아 뜨거운 김을 날린 후 소금을 넣고 대강 찧어 사용하거나 으깨어 고운 팥고물을 만든다.

2) 거피팥고물

① 거피팥을 8시간 이상 물에 불린 후 돌과 이물질을 제거하고 비벼 씻으면서 껍질을

분리한다.

② 찜기에 김이 오른 후 40분 이상 찐다.

③ 스텐볼에 쏟아 뜨거운 김을 날린 후 소금을 넣고 빻은 후 중간체나 어레미에 내린다.

3) 거피 볶은 팥고물(두텁고물)

① 거피팥을 8시간 이상 물에 불린 후 돌과 이물질을 제거하고 비벼 씻으면서 껍질을 분리한다.

② 시루에서 40분 정도 찌고 스텐볼에 쏟아 뜨거운 김을 날린 후 소금을 넣고 방망이로 빻아 중간체나 어레미에 내린다.

③ 번철에 진간장, 설탕, 계핏가루 등으로 양념한 후 보슬하게 볶아 체에 내린다.

4) 녹두고물

① 녹두를 8시간 이상 물에 불린 후 돌과 이물질을 제거하고 비벼 씻으면서 껍질을 분리한다.

② 시루에서 40분 이상 찐 후 스텐볼에 쏟아 뜨거운 김을 날린 후 소금을 넣고 방망이로 빻아 중간체나 어레미에 내린다(녹두를 통으로 사용할 경우에는 찐 녹두를 그대로 쓰고, 고운 고물로 사용할 경우에는 체에 내려 사용).

5) 콩고물

① 콩은 돌을 제거하고 씻어 물기를 뺀다.

② 번철에 타지 않게 볶아 굵게 간 후에 껍질과 싸래기를 제거한 후 다시 빻아 소금을 넣고 고운체에 내린다.

③ 노란 콩가루, 파란 콩가루 등을 만든다.

6) 찌는 콩고물

① 반으로 쪼갠 콩을 물에 씻은 후 찜기에 찐다.

② 스텐볼에 쏟아 뜨거운 김을 날린 후 방망이로 빻아 중간체나 어레미에 내린다.

7) 서리태고물

① 서리태는 미지근한 물에 담가 충분히 불린 후 소금과 흑설탕을 넣고 팬에 볶듯이 조려준다.
② 콩찰편에 많이 사용한다.

8) 밤고물

① 껍질째 밤을 씻은 후 물을 넣고 삶아 찬물에 담갔다가 건져준다.
② 겉껍질과 속껍질을 벗긴 뒤 소금을 넣고 빻아준다.

9) 참깨고물

① 깨를 2시간 정도 물에 불렸다가 돌 없이 잘 일어준 후 껍질을 벗겨준다.
② 번철에 약불로 볶아준 후 가루로 만들어 소금간을 한다.

10) 흑임자고물

① 흑임자를 깨끗이 씻은 후 물기를 빼고 번철에 약불로 볶아준다.
② 고물로 사용할 경우 가루로 만들어 소금간을 한다.

4. 고명 만들기

1) 대추채

① 건대추의 표면을 면포로 닦은 후 돌려깎기하여 씨를 제거하고 밀대로 민 뒤 채썰어준다.
② 대추채 고명은 그냥 사용하면 뻣뻣하므로 김 오르는 찜기에 넣고 살짝 쪄서 사용하면 부드럽다.
③ 대추단자, 색단자, 경단 등에 사용한다.

2) 밤채

① 겉껍질과 속껍질을 제거한 후 얇게 썰어 채썬다.

② 물에 담가두면 채썰 때 쉽게 부서지므로 설탕물에 담갔다가 건조시켜 썰면 쉽다.
③ 삼색편 등의 고명으로 사용한다.

3) 석이채

① 석이를 따뜻한 물에 담갔다가 안쪽 이물질을 벗겨내고 돌기는 제거한다.
② 물기를 제거하고 말아서 곱게 채썬다.
③ 각색편, 단자, 증편 등의 고명으로 사용한다.

4) 잣

① 고깔을 제거하고 종이 위에서 곱게 다지거나 반으로 갈라 비늘잣을 만들어 사용한다.
② 고명이나 고물로 사용한다.

5) 말린 과일류

① 떡의 종류에 따라 물에 살짝 불려서 사용하거나 이물질만 제거하고 사용한다.

제2절 떡류 만들기

❶ 설기떡류 만들기

설기떡은 쌀가루에 수분을 주고 체에 내려 켜를 만들지 않고 한덩어리가 되게 찌는 떡을 말하며, '무리떡'이라고도 한다. 쌀가루만으로 만든 백설기와 쌀가루에 콩, 감, 밤, 쑥 등을 섞은 콩설기, 쑥설기, 감설기 등이 있다.

1. 백설기

멥쌀가루에 설탕물을 내려서 켜가 없이 찐 무리떡으로 '백설기' 또는 '백설고', '흰무리'라고도 한다. 순백색처럼 순수하고 무구하기를 기원하면서 어린아이의 삼칠일, 백일, 돌떡으로 이용되며, 사찰에서 제를 올릴 때 또는 산신제, 용왕제 등 토속적인 의례에도 사용된다.

재료 멥쌀가루 700g, 소금 7g, 설탕 70g, 물

만드는 방법

① 쌀을 씻어 6시간 이상 충분히 불렸다가 30분간 물기를 빼고 분량의 소금을 넣어 빻는다.
② 쌀가루를 살짝 쥐어 흔들어보았을 때 깨지지 않을 정도의 수분을 첨가하여 물 주기를 한다.
③ 쌀가루를 체에 내린 후 설탕을 넣고 가볍게 섞는다.
④ 찜기에 젖은 면포나 시루밑을 깐 뒤 쌀가루를 고르게 넣고 평평하게 만든다.
⑤ 김이 오르는 찜통에 얹어 뚜껑을 덮고 15~20분 정도 찐다.
⑥ 약불에서 5분 정도 뜸을 들인다.

유의사항

- 쌀의 수침시간이 늘어나면 수분함량이 많아져 호화가 잘 된다.
- 조각으로 나눌 경우 익히기 전에 칼금을 넣으면 쉽다.
- 쌀가루에 물과 설탕을 동시에 넣고 수분을 맞추면 설탕이 녹아 끈적해져서 떡이 폭신하지 않으므로 설탕은 쌀가루에 가볍고 빠르게 섞는다.
- 유리나 스테인리스 스틸 재질의 뚜껑은 수증기가 떡에 떨어질 수 있으니 면포를 덮어준다.

2. 콩설기

콩설기는 멥쌀가루에 검은콩이나 청태콩, 강낭콩, 밤콩 등을 섞어서 시루에 켜 없이 찐 떡이다.

떡을 찰지게 하기 위해서 약간의 찹쌀을 섞기도 하며, 계절에 따라 가을에는 청태콩, 겨울철에는 검은콩을 불려 사용하기도 한다.

재료 멥쌀가루 700g, 소금 7g, 설탕 70g, 물, 불린 서리태 160g

만드는 방법

① 쌀을 씻어 6시간 이상 충분히 불렸다가 30분간 물기를 빼고 분량의 소금을 넣어 빻는다.
② 쌀가루를 살짝 쥐어 흔들어보았을 때 깨지지 않을 정도의 수분을 첨가하여 물 주기를 한다.
③ 서리태는 8시간 이상 불린 후 살짝 설삶거나 쪄서 식힌다.
④ 쌀가루를 체에 내린 후 설탕을 넣고 가볍게 섞은 후 서리태의 1/2을 쌀가루에 섞어 준다.
⑤ 찜기에 젖은 면포나 시루밑을 깐 뒤 남은 서리태를 바닥에 깔고 쌀가루를 고르게 넣고 평평하게 만든다.
⑥ 김 오르는 찜통에 얹어 뚜껑을 덮어 15~20분 정도 찐다.
⑦ 약불에서 5분 정도 뜸을 들인다.

유의사항

- 청태콩이 나오지 않는 계절에는 서리태를 불려서 사용한다.
- 쌀의 수침시간이 늘어나면 수분함량이 많아져 호화가 잘 된다.
- 조각으로 나눌 경우 익히기 전에 칼금을 넣으면 쉽다.
- 쌀가루에 물과 설탕을 동시에 넣고 수분을 맞추면 설탕이 녹아 끈적해져서 떡이 폭신하지 않으므로 설탕은 쌀가루에 가볍고 빠르게 섞는다.
- 유리나 스테인리스 스틸 재질의 뚜껑은 수증기가 떡에 떨어질 수 있으니 면포를 덮어준다.

3. 무지개떡(무지개설기)

멥쌀가루에 여러 색으로 물을 들여서 켜가 없이 색색을 겹쳐서 찐 무리떡으로 '색편', '색떡'이라고도 한다.

돌상에 올려 아이가 조화로운 사람으로 성장하기를 기원하기도 하며 집안 식구들의 생일 축하자리 등에 올린다.

재료 멥쌀가루 1kg, 소금 10g, 설탕 100g, 물, 딸기가루 15g, 단호박가루 20g(또는 치자물), 쑥가루 20g, 코코아분말 20g(또는 계핏가루)

만드는 방법

① 쌀을 씻어 6시간 이상 충분히 불렸다가 30분간 물기를 빼고 분량의 소금을 넣어 빻는다.

② 쌀가루를 체에 내린 후 5등분한다.

③ 쌀가루에 각각의 가루를 넣어 5가지 색을 만든 후 쌀가루를 살짝 쥐어 흔들어보았을 때 깨지지 않을 정도의 수분을 첨가하여 물 주기를 한다.

④ 각각의 쌀가루를 체에 내리고 설탕을 넣은 후 가볍게 섞어준다.

⑤ 찜기에 젖은 면포나 시루밑을 깐 뒤 쌀가루를 순서대로 평평하게 수평으로 안친다.

⑥ 김 오르는 찜통에 얹어 뚜껑을 덮고 15~20분 정도 찐다.

⑦ 약불에서 5분 정도 뜸을 들인다.

유의사항

- 시루에 찔 때 쌀가루는 색깔별로 약 1/2컵씩 차이를 두어야 하나 찜기에 찔 때는 동량으로 색을 들여 사용한다.
- 쌀의 수침시간이 늘어나면 수분함량이 많아져 호화가 잘 된다.
- 조각으로 나눌 경우 익히기 전에 칼금을 넣으면 쉽다.
- 쌀가루에 물과 설탕을 동시에 넣고 수분을 맞추면 설탕이 녹아 끈적해져서 떡이 폭신하지 않으므로 설탕은 쌀가루에 가볍고 빠르게 섞는다.
- 유리나 스테인리스 스틸 재질의 뚜껑은 수증기가 떡에 떨어질 수 있으니 면포를 덮어준다.

4. 쑥설기

멥쌀가루에 어린 생쑥잎과 설탕을 섞어 시루에 켜나 고물 없이 찐 설기떡이다.

재료 멥쌀가루 700g, 소금 7g, 설탕 70g, 물, 생쑥 100g

만드는 방법

① 어린 생쑥을 다듬고 깨끗이 씻은 후 물기를 제거한다.
② 쌀을 씻어 6시간 이상 충분히 불렸다가 30분간 물기를 빼고 분량의 소금을 넣어 빻는다.
③ 쌀가루를 살짝 쥐어 흔들어보았을 때 깨지지 않을 정도의 수분을 첨가하여 물 주기를 한다.
④ 쌀가루를 체에 내려 설탕을 넣고 가볍게 섞은 후 쑥을 넣고 살짝 버무린다.
⑤ 찜기에 젖은 면포나 시루밑을 깔고 쌀가루를 고르게 넣어 평평하게 만든다.
⑥ 김 오르는 찜통에 얹어 뚜껑을 덮고 15~20분 정도 찐다.
⑦ 약불에서 5분 정도 뜸을 들인다.

유의사항

- 쑥은 어린 쑥을 사용하는 것이 좋으며, 쑥의 밑동이나 시든 부분은 제거한다.
- 쌀의 수침시간이 늘어나면 수분함량이 많아져 호화가 잘 된다.
- 조각으로 나눌 경우 익히기 전에 칼금을 넣으면 쉽다.
- 쌀가루에 물과 설탕을 동시에 넣고 수분을 맞추면 설탕이 녹아 끈적해져서 떡이 폭신하지 않으므로 설탕은 쌀가루에 가볍고 빠르게 섞는다.
- 유리나 스테인리스 스틸 재질의 뚜껑은 수증기가 떡에 떨어질 수 있으니 면포를 덮어준다.

❷ 켜떡류 만들기

켜떡은 찹쌀가루나 멥쌀가루에 팥, 녹두, 깨 등의 고물을 켜켜이 넣고 안쳐서 찌는 떡을 말하는데, 고물 대신 밤채, 대추채, 석이채, 잣 등을 고명으로 얹어 찌는 떡도 있다.

떡가루에 꿀, 석이가루, 승검초가루 등을 섞어서 만들기도 한다.

시루에 찔 때 찹쌀가루 켜만 찌면 김이 오르지 않으므로 찹쌀과 멥쌀가루의 켜를 번갈아 안쳐서 찌면 좋다.

1. 팥고물시루떡

멥쌀이나 찹쌀을 가루로 내어 떡을 안칠 때 켜를 짓고 켜와 켜 사이에 팥고물을 넣고 찐 시루편이다.

팥고물은 거피팥고물이나 붉은 팥고물을 이용하는데, 팥의 붉은색이 잡귀를 멀리한다고 하여 고사떡이나 이사 또는 함을 받을 때 쓰인다.

푸른 팥은 제사떡이나 잔치떡을 만들 때 사용한다.

재료 멥쌀가루 700g, 소금 7g, 설탕 70g, 물
고물(붉은팥 2컵, 소금 4g, 물)

만드는 방법

① 쌀을 씻어 6시간 이상 충분히 불렸다가 30분간 물기를 빼고 분량의 소금을 넣어 빻는다.
② 팥고물 : 팥은 물을 부어 한번 끓으면 물을 버리고, 다시 팥의 3배 정도의 물을 부어 팥이 무를 때까지 삶아준다. 팥이 거의 익으면 낮은 불에서 뜸을 들인 후 스텐볼에 쏟아 뜨거운 김을 날린 후 소금을 넣고 방망이로 대강 찧어 고물을 만든다.
③ 쌀가루를 살짝 쥐어 흔들어보았을 때 깨지지 않을 정도의 수분을 첨가하여 물 주기를 한다.
④ 쌀가루를 체에 내린 후 설탕을 넣고 가볍게 섞는다.
⑤ 찜기에 젖은 면포나 시루밑을 깔고 팥고물을 뿌린 후 쌀가루를 고르게 넣고 평평하게 만든다.

⑥ 팥고물과 쌀가루를 번갈아 켜켜이 안친다.
⑦ 김 오르는 찜통에 얹어 뚜껑을 덮고 15~20분 정도 찐다.
⑧ 약불에서 5분 정도 뜸을 들인다.

유의사항

- 팥 속의 사포닌을 제거하기 위해 처음 삶은 물은 버리고 다시 찬물을 넣어 팥이 무르도록 삶는다.
- 뜸을 들일 때는 밑이 타지 않도록 주의한다.
- 쌀의 수침시간이 늘어나면 수분함량이 많아져 호화가 잘 된다.
- 조각으로 나눌 경우 익히기 전에 칼금을 넣으면 쉽다.
- 쌀가루에 물과 설탕을 동시에 넣고 수분을 맞추면 설탕이 녹아 끈적해져서 떡이 폭신하지 않으므로 설탕은 쌀가루에 가볍고 빠르게 섞는다.
- 유리나 스테인리스 스틸 재질의 뚜껑은 수증기가 떡에 떨어질 수 있으니 면포를 덮어준다.

2. 물호박떡

늙은호박의 속을 파내고 얇게 저민 뒤 멥쌀가루와 섞어서 찌는 시루떡으로 추석 무렵부터 겨울철에 많이 만들어 먹는 떡이다.

고물은 흰 고물(거피고물)로 하여 켜켜이 안쳐서 찐 시루편으로 호박을 끈처럼 썰어 말려서 만든 호박고지를 불려서 넣어도 좋다.

재료 멥쌀가루 1kg, 소금 9g, 설탕 100g, 늙은호박 200g, 팥고물 600g, 물

만드는 방법

① 쌀을 씻어 6시간 이상 충분히 불렸다가 30분간 물기를 빼고 분량의 소금을 넣어 빻는다.
② 쌀가루를 살짝 쥐어 흔들어보았을 때 깨지지 않을 정도의 수분을 첨가하여 물 주기를 한다.
③ 쌀가루를 체에 내린 후 설탕을 넣고 가볍게 섞는다.
④ 늙은호박에 소금과 설탕을 넣고 살짝 섞은 다음 물기가 생기기 전에 쌀가루와 버무린다.
⑤ 찜기에 젖은 면포나 시루밑을 깔고 팥고물을 뿌린 후 쌀가루, 쌀가루와 버무린 호박, 쌀가루, 팥고물 순서로 안치고 윗면을 평평하게 만든다.
⑥ 김이 오르는 찜통에 얹어 뚜껑을 덮고 15~20분 정도 찐다.
⑦ 약불에서 5분 정도 뜸을 들인다.

유의사항

- 호박을 설탕에 미리 절여두면 물이 생겨 질어질 수 있으므로 바로 쌀가루를 섞는다.
- 늙은호박은 속을 긁어내고 껍질을 벗겨 길이 4cm, 폭 2cm의 크기로 썬 뒤 볕에 널어 꾸덕하게 물기를 말린 후에 사용한다.
- 뜸을 들일 때는 밑이 타지 않도록 주의한다.
- 쌀의 수침시간이 늘어나면 수분함량이 많아져 호화가 잘 된다.
- 조각으로 나눌 경우 익히기 전에 칼금을 넣으면 쉽다.
- 쌀가루에 물과 설탕을 동시에 넣고 수분을 맞추면 설탕이 녹아 끈적해져서 떡이 폭신하지 않으므로 설탕은 쌀가루에 가볍고 빠르게 섞는다.

3. 녹두찰편

찹쌀가루에 찐 녹두 고물을 올려 켜로 하여 찐 찰편으로 녹두병이라고도 하며 녹두찰편 외에도 녹두메편 등이 있다.

녹두고물을 찌지 않고 거피한 녹두를 그대로 켜켜이 안쳐서 찌는 생녹두편도 있다.

재료 찹쌀가루 1kg, 소금 9g, 설탕 100g, 거피 녹두고물 1kg, 물

만드는 방법

① 쌀을 씻어 6시간 이상 충분히 불렸다가 30분간 물기를 빼고 분량의 소금을 넣어 빻는다.

② 멥쌀가루보다 물을 적게 넣어 너무 질지 않도록 수분을 첨가하여 물 주기를 한다.

③ 쌀가루를 체에 내린 후 설탕을 넣고 가볍게 섞는다.

④ 거피 녹두고물 : 거피 녹두를 8시간 정도 물에 불린 후 껍질을 벗겨 씻은 후 물기를 빼고 찜기에 40분 정도 찐다. 스텐볼에 쏟아서 뜨거운 김을 날리고 소금을 넣은 후 찧어 체에 내려 고물을 만든다.

⑤ 찜기에 젖은 면포나 시루밑을 깔고 녹두고물, 찹쌀가루, 녹두고물, 찹쌀가루, 녹두고물 순서로 번갈아 안친 뒤 윗면을 평평하게 만든다.

⑥ 김이 오르는 찜통에 얹어 뚜껑을 덮고 15~20분 정도 찐다.

⑦ 약불에서 5분 정도 뜸을 들인다.

유의사항

- 녹두는 거피해서 물에 충분히 불린 후 문질러 닦아야 껍질이 완전히 벗겨져 고물 색이 곱고 깨끗하다.
- 뜸을 들일 때는 밑이 타지 않도록 주의한다.
- 쌀의 수침시간이 늘어나면 수분함량이 많아져 호화가 잘 된다.
- 조각으로 나눌 경우 익히기 전에 칼금을 넣으면 쉽다.
- 쌀가루에 물과 설탕을 동시에 넣고 수분을 맞추면 설탕이 녹아 끈적해져서 떡이 푹신하지 않으므로 설탕은 쌀가루에 가볍고 빠르게 섞는다.
- 유리나 스테인리스 스틸 재질의 뚜껑은 수증기가 떡에 떨어질 수 있으니 면포를 덮어준다.

③ 빚어 찌는 떡류 만들기

빚어 찌는 떡은 쌀가루를 익반죽하거나 날반죽하여 손으로 모양 있게 만드는 떡으로 대표적인 떡으로는 송편, 경단, 단자류 등이 있다.

1. 경단

경단은 찹쌀가루나 수수가루를 끓는 물로 익반죽한 후 둥글게 빚어서 끓는 물에 삶아 건져낸 후 다양한 고물을 묻혀 만든 떡이다.

재료 찹쌀가루 200g, 소금 2g, 볶은 콩가루 50g

만드는 방법

① 쌀을 씻어 7~8시간 정도 불렸다가 30분간 물기를 빼고 분량의 소금을 넣어 빻는다.
② 끓는 물을 넣어 익반죽을 한다.
③ 반죽을 나누어 동그랗게 빚어준다.
④ 끓는 물에 넣고 삶은 후 찬물에 헹구어 물기를 뺀다.
⑤ 겉에 볶은 콩가루를 굴려가면서 묻혀준다.

유의사항

- 삶아진 경단에 물이 많으면 고물이 예쁘게 묻지 않는다.
- 과하게 삶아 풀어지지 않도록 주의한다.
- 콩고물은 씻어서 볶아 껍질을 벗긴 후 가루로 만들어 소금, 설탕을 넣어 사용한다.
- 노란 콩고물, 푸른 콩고물, 흑임자고물, 붉은 팥고물, 거피팥고물 등의 고물을 묻혀 오색 경단을 만든다.

2. 송편

솔잎을 사용한 데서 송병으로도 불렸으며, 멥쌀가루를 익반죽하여 콩, 깨, 밤 등을 소로 넣고 조개처럼 빚어서 시루에 솔잎을 켜켜이 깔아 쪄낸 떡이다.

추석에 빚는 송편을 '오려송편'이라고도 하는데 그해에 일찍 수확한 올벼로 작고 예쁘게 만든 송편을 말한다.

흰 송편 외에 쌀가루에 쑥이나 송기를 섞기도 하여 다양한 색과 맛을 내며 지역마다 모양도 다르게 만든다.

재료 멥쌀가루 200g, 소금 2g, 불린 서리태 70g, 물, 참기름

만드는 방법

① 쌀을 씻어 6시간 이상 충분히 불렸다가 30분간 물기를 빼고 분량의 소금을 넣어 빻는다.
② 뜨거운 물을 넣어가며 익반죽한 뒤 치대어 반죽한다.
③ 서리태 : 살짝 찌거나 삶아서 식혀놓는다.
④ 반죽은 같은 크기로 나누어주고, 반죽 가운데를 파서 둥글게 빚어 서리태를 넣고 오므려 붙여서 송편모양으로 만든다.
⑤ 찜기에 깨끗이 씻은 솔잎을 깔고 송편을 올려준다.
⑥ 김이 오르는 찜통에 얹어 뚜껑을 덮고 15~20분 정도 찐다.
⑦ 약불에서 5분 정도 뜸을 들인다.

유의사항

- 반죽을 치는 횟수가 많아지면 반죽 중에 작은 기포가 함유되어 떡이 부드러워진다.
- 송편을 찔 때 깔고 찌는 솔잎에는 피톤치드가 들어 있어 떡이 쉽게 상하지 않게 한다.
- 송편은 다섯 가지 색을 들여 오색송편을 만들 수 있다.
- 송편의 소로는 가을에 나오는 밤, 대추, 풋콩, 거피팥, 녹두 등을 사용할 수 있다.
- 뜸을 들일 때는 밑이 타지 않도록 주의한다.
- 유리나 스테인리스 스틸 재질의 뚜껑은 수증기가 떡에 떨어질 수 있으니 면포를 덮어준다.

④ 부풀려 찌는 떡류 만들기

1. 증편

부풀려 찌는 떡류의 대표적인 떡으로 멥쌀가루를 막걸리로 반죽하여 부풀게 발효시킨 다음 틀에 반죽을 넣고 대추, 밤, 실백, 석이버섯 등의 고명을 위에 올려 찐 떡이다.

증편은 '기증병', '기주떡', '기지떡', '술떡', '벙거지떡' 등 여러 가지로 불린다.

술맛이 나면서 달콤한 맛이 나며, 술을 넣어서 다른 떡에 비해 쉽게 쉬지 않아서 여름철에 많이 만드는 떡이다.

재료 멥쌀가루 500g, 생막걸리, 설탕 75g, 식용유, 미지근한 물, 고명(대추, 석이버섯, 호박씨, 잣 등)

만드는 방법

① 쌀을 씻어 6시간 이상 충분히 불렸다가 30분간 물기를 빼고 분량의 소금을 넣어 빻는다.

② 막걸리, 소금, 설탕, 물을 넣어 나무주걱으로 골고루 섞어준다.

③ 반죽은 큰 그릇에 담고 면포를 씌워 35~40℃에서 약 5~6시간 동안 1차 발효를 한다.

④ 1차 발효 후 반죽이 3배 정도 부풀면 골고루 저어 공기를 빼고 다시 2시간 정도 2차 발효를 한다.

⑤ 고명을 준비한다 : 대추는 채썰고, 석이버섯도 전처리하여 채썬다.

⑥ 반죽을 골고루 저어 공기를 뺀 후 증편틀에 식용유를 바르고 반죽을 2/3 정도 넣고 고명으로 장식한다.

⑦ 20분 정도 3차 발효 후에 찜통에서 약불로 15분간 찌다가 다시 강한 불에서 20분 정도 찌고 10분 정도 뜸을 들인다.

⑧ 한 김 식힌 후 표면에 약간의 식용유를 발라 윤기 나 보이도록 한다.

유의사항

- 증편은 큰 찜기에 부어 찌기도 하고 틀을 이용해 찌기도 한다.
- 증편에 쓰이는 떡가루는 고울수록 좋으며 반죽의 정도는 된 죽 정도가 좋다.

- 발효가 지나치면 신맛이 날 수 있으므로 발효시간을 정확히 지킨다.
- 발효를 거친 증편은 여름철에 쉽게 상하지 않아 여름철 떡으로 좋다.
- 유리나 스테인리스 스틸 재질의 뚜껑은 수증기가 떡에 떨어질 수 있으니 면포를 덮어준다.

❺ 약밥

약밥은 약식이라고도 하는데 정월대보름 절식으로 꿀을 '약(藥)'이라 하기 때문에 꿀을 넣고 만들어 약밥으로 불렀다.

찹쌀밥에 꿀, 참기름, 간장으로 간을 한 뒤 밤, 대추, 잣 등을 섞어서 버무려 쪘기에 단맛이 나는 밥이지만 떡류에 들어간다. 약밥의 유래는 신라 소지왕 때 까마귀에게 제사를 드린 데서 시작되었다고 하며, 약밥 또는 약식이라고도 한다.

재료 찹쌀 600g, 밤 10개, 대추 15개, 잣 20알
양념(황설탕 70g, 흑설탕 70g, 참기름 2T, 진간장 3T, 계핏가루 1t, 대추고 2T, 꿀 1T)
캐러멜시럽(설탕 4T, 식용유 1T, 물엿 1T, 물 3T, 녹말 2t)

만드는 방법

① 찹쌀은 깨끗이 씻어 약 3시간 정도 불린 후 물기를 뺀다.
② 찜기에 젖은 면포를 깔고 불린 찹쌀을 1시간 정도 찐다. 도중에 소금물을 끼얹어 위 아래를 뒤집어준다.
③ 캐러멜소스 : 냄비에 설탕과 식용유를 넣고 젓지 않은 채 가장자리가 갈색이 나기 시작하면 불을 약하게 하고 살짝 저은 후 진한 갈색이 나면 녹말물을 넣고 고루 저어 농도를 맞춘다. 불을 끄고 물엿을 넣어준다.
④ 찹쌀이 뜨거울 때 황설탕, 흑설탕을 섞어주고 나머지 양념을 넣고 골고루 저어준다.
⑤ 밤, 대추, 잣을 넣어 버무리고 중탕을 한다. 처음에 센 불로 하다가 중불에서 약 1~2시간 정도 찐다.
⑥ 완성된 약밥은 그릇에 담거나 모양틀에 담아 모양을 낸다.
⑦ 20분 정도 3차 발효 후 찜통에서 약불로 15분간 찌다가 다시 강한 불에서 20분 정도 찐 뒤에 10분 정도 뜸을 들인다.
⑧ 한 김 식힌 후 표면에 약간의 식용유를 발라 윤기 나 보이도록 한다.

유의사항

• 찹쌀은 3시간 정도 불린다. 너무 오래 불리면 밥알이 힘이 없고 질어진다.

- 약밥을 중탕하면 캐러멜 반응이 지속되어 약밥의 갈색이 더 진해져 맛도 있고 식감도 좋아진다.
- 유리나 스테인리스 스틸 재질의 뚜껑은 수증기가 떡에 떨어질 수 있으니 면포를 덮어준다.

⑥ 치는 떡류 만들기

1. 인절미

찹쌀 또는 찹쌀가루를 찐 다음 절구나 안반에 놓고 쳐서 적당한 크기로 썰어 고물을 묻힌 떡으로 '은절병', '인절병', '인병'이라고도 하는데 찰기가 있어서 잡아당겨 끊어야 하는 떡이라는 의미에서 생긴 이름이다.

떡을 칠 때 넣는 재료에 따라 쑥인절미, 수리취인절미, 대추인절미가 되며, 고물은 콩고물을 많이 사용하지만 계절에 따라 깨, 거피팥고물 등을 이용하기도 한다.

재료 찹쌀가루 500g, 소금 5g, 볶은 콩가루 60g

만드는 방법

① 쌀을 씻어 7~8시간 정도 불렸다가 30분간 물기를 빼고 분량의 소금을 넣어 빻는다.
② 멥쌀보다 물을 적게 넣어주고 너무 질지 않을 정도로 물 주기를 한다.
③ 찜기에 젖은 면포를 깔고 20분 정도 찌다가 소금물을 뿌려 위아래를 고루 섞어주고 다시 10분 정도 쪄준다.
④ 찐 떡을 스텐볼에 넣고 방망이에 소금물을 묻혀가면서 찰기가 생기도록 친다.
⑤ 고명을 준비한다 : 대추는 채썰고, 석이버섯도 전처리하여 채썬다.
⑥ 안반에 고물을 깔고 친 떡을 적당한 두께로 길게 밀어 모양을 잡은 후에 썰어준다.
⑦ 썬 떡이 뜨거울 때 고물을 골고루 묻혀준다.

유의사항

- 떡을 칠 때 떡메에 소금물을 발라주면서 꽈리가 일도록 치면 소금간이 맞아 고소하고 맛있다.
- 인절미는 찹쌀가루나 통찹쌀로 만들기도 하는데 찹쌀을 찔 때 소금물을 중간에 뿌려주면서 쪄야 잘 익는다.
- 치는 떡은 찌는 떡보다 노화가 더디게 진행된다.
- 유리나 스테인리스 스틸 재질의 뚜껑은 수증기가 떡에 떨어질 수 있으니 면포를 덮어준다.

2. 가래떡

가래떡은 멥쌀가루를 써서 안반에 놓고 쳐서 덩어리로 만드는 치는 떡의 일종으로 '흰떡', '백병'이라 불리기도 한다. 둥글고 길게 늘려 만든 떡으로 모양이 길다고 하여 가래떡이라 부르며, 하루 정도 굳혀 엽전 모양으로 썬 뒤에 설날의 대표적 절식인 떡국에 사용한다.

재료 멥쌀가루 1kg, 소금 1T, 물

만드는 방법

① 쌀을 씻어 7~8시간 정도 불렸다가 30분간 물기를 빼고 분량의 소금을 넣어 빻는다.
② 쌀가루에 수분을 첨가하여 물내리기를 한다.
③ 찜기에 젖은 면포를 깔고 쌀가루를 15~20분 정도 쪄준다.
④ 스텐볼에 넣고 떡을 친 다음 직경이 약 3cm 정도 되게 길게 밀어 가래떡 모양을 만든다.

유의사항

- 가래떡과 같은 방법으로 만들어 모양을 1cm 정도로 가늘고 길게 만들어 떡볶이떡으로 이용한다.
- 기계를 사용할 경우 찐 떡을 제병기의 가래떡 모양틀에 넣고 뽑아낸다.
- 유리나 스테인리스 스틸 재질의 뚜껑은 수증기가 떡에 떨어질 수 있으니 면포를 덮어준다.

❼ 찌는 찰떡류 만들기

찹쌀가루에 여러 부재료를 섞어 쪄내어 모양을 만들거나 찐 떡을 쳐서 모양을 잡아서 만드는데 쇠머리떡(쇠머리찰떡), 구름떡, 영양떡, 콩찰떡 등이 있다.

1. 콩찰편

콩찰편은 찹쌀가루에 콩을 얹어가며 켜켜이 안쳐 찐 찹쌀떡이다.

재료 찹쌀가루 500g, 소금 5g, 설탕 50g, 불린 서리태 100g, 흑설탕 50g

만드는 방법

① 쌀을 씻어 7~8시간 정도 불렸다가 30분간 물기를 빼고 분량의 소금을 넣어 빻는다.
② 멥쌀보다 물을 적게 넣어주고 너무 질지 않을 정도로 물 주기를 한다.
③ 부재료 : 서리태는 물에 불리거나 살짝 삶아 식힌 후 소금과 설탕에 버무려둔다.
④ 찜기에 젖은 면포를 깔고 서리태를 반 정도 깔아준 후 찹쌀가루를 평평하게 올려주고 다시 나머지 서리태를 올려준다.
⑤ 김이 오르는 찜통에서 25~30분 정도 쪄준다.
⑥ 비닐에 떡을 쏟아 네모지게 모양을 만든다.

유의사항

- 서리태는 소금과 설탕을 넣고 살짝 조린 후 식혀서 사용해도 좋다.
- 치는 찰떡류의 찹쌀가루는 거칠게 빻아야 떡이 잘 쪄진다.
- 찹쌀가루는 멥쌀가루보다 아밀로펙틴 함량이 많아 떡을 찔 때 설익을 수 있으므로 주의하고, 찹쌀떡은 멥쌀떡보다 찌는 시간이 길다.
- 찹쌀가루를 찔 때 설탕을 면포에 뿌리고 찌면 떡이 면포에서 잘 떨어진다.
- 유리나 스테인리스 스틸 재질의 뚜껑은 수증기가 떡에 떨어질 수 있으니 면포를 덮어준다.

2. 쇠머리떡

쇠머리떡은 경상도에서는 '모듬백이떡'이라고도 부르는데 썰어놓은 모양이 쇠머리편육과 비슷하다고 해서 붙여진 이름으로 충청도에서 즐겨 먹는 떡이다.

찹쌀가루에 대추, 곶감 등의 과일과 콩을 섞어서 켜를 얇게 하여 쪄낸 뒤 모양을 성형하여 굳힌 후에 잘라낸다.

재료 찹쌀가루 500g, 소금 5g, 설탕 50g, 불린 서리태 100g, 대추 5개, 깐 밤 5개, 마른 호박고지 20g, 식용유

만드는 방법

① 쌀을 씻어 6시간 이상 충분히 불렸다가 30분간 물기를 빼고 분량의 소금을 넣어 빻는다.
② 멥쌀보다 물을 적게 넣어주고 너무 질지 않을 정도로 물 주기를 한다.
③ 부재료 : 서리태는 물을 넣고 20분 정도 삶아주고 마른 호박고지는 불려서 잘라둔다. 대추와 밤은 4~5등분한다.
④ 찹쌀가루에 설탕과 부재료를 넣고 살살 섞는다.
⑤ 찜기에 젖은 면포를 깔고 25~30분 정도 쪄준다.
⑥ 불을 줄여 5분 정도 뜸을 들인다.
⑦ 비닐에 식용유를 살짝 바르고 떡을 쏟아 네모지게 모양을 만든다.

유의사항

- 치는 찰떡류의 찹쌀가루는 거칠게 빻아야 떡이 잘 쪄진다.
- 찹쌀가루는 멥쌀가루보다 아밀로펙틴 함량이 많아 떡을 찔 때 설익을 수 있으므로 주의하고, 찹쌀떡은 멥쌀떡보다 찌는 시간이 길다.
- 멥쌀가루를 소량 첨가하면 굳혀서 썰기에 좋다.
- 찹쌀가루를 찔 때 설탕을 면포에 뿌리고 찌면 떡이 면포에서 잘 떨어진다.
- 유리나 스테인리스 스틸 재질의 뚜껑은 수증기가 떡에 떨어질 수 있으니 면포를 덮어준다.

3. 구름떡

구름떡은 찹쌀가루에 밤, 대추, 호두, 잣 등의 부재료를 넣고 쪄낸 후 붉은 팥가루나 흑임자 고물을 묻혀 틀에 켜켜이 불규칙하게 넣어 굳혀 만든다. 굳힌 후 잘랐을 때의 단면이 구름 모양과 닮았다고 해서 붙여진 이름이다.

재료 찹쌀가루 500g, 소금 5g, 설탕 50g, 호두 6개, 대추 8개, 깐밤 6개, 잣 10g, 흑임자고물 40g

만드는 방법

① 쌀을 씻어 7~8시간 정도 불렸다가 30분간 물기를 빼고 분량의 소금을 넣어 빻는다.
② 멥쌀보다 물을 적게 넣어주고 너무 질지 않을 정도로 물 주기를 한다.
③ 부재료 : 호두는 4등분하고 잣은 고깔을 떼어준다. 대추와 밤은 4~5등분한다.
④ 찹쌀가루에 설탕과 부재료를 넣고 살살 섞는다.
⑤ 찜기에 젖은 면포를 깔고 25~30분 정도 쪄준다.
⑥ 불을 줄여 5분 정도 뜸을 들인다.
⑦ 떡은 등분하여 흑임자고물을 묻힌 뒤 틀에 켜켜이 담아 눌러준다.
⑧ 떡이 식어 굳으면 1~1.5cm 정도의 두께로 썰어준다.

유의사항

- 식은 떡은 틀에 넣을 때 서로 붙지 않을 수 있으므로 따뜻할 때 작업하는 것이 좋으며, 시럽을 뿌려가면서 떡을 넣으면 찹쌀떡끼리 붙게 하는 역할을 한다.
- 팥가루가 넉넉해야 구름문양이 선명하다.
- 찹쌀가루는 멥쌀가루보다 아밀로펙틴 함량이 많아 떡을 찔 때 설익을 수 있으므로 주의하고, 찹쌀떡은 멥쌀떡보다 찌는 시간이 길다.
- 찹쌀가루를 찔 때 설탕을 면포에 뿌려서 찌면 떡이 면포에서 잘 떨어진다.
- 유리나 스테인리스 스틸 재질의 뚜껑은 수증기가 떡에 떨어질 수 있으니 면포를 덮어준다.

⑧ 단자류 만들기

단자는 찹쌀가루에 수분을 주고 찜기나 시루에 쪄서 양푼이나 안반에 넣어 꽈리가 일도록 치거나, 익반죽하여 반대기를 만들어 끓는 물에 삶아내어 꽈리가 일도록 쳐서 적당한 크기로 빚거나 썰어서 고물을 묻힌 떡이다. 인절미보다 크기가 더 작고 고급떡이다.

첨가 재료에 따라 밤단자, 유자단자, 쑥단자, 대추단자, 석이단자, 색단자 등이 있다.

1. 쑥단자

찹쌀가루에 데친 쑥을 섞어서 거피한 고물을 소로 넣고 겉에도 팥고물을 묻힌 단자로 쑥의 향이 좋고 맛이 좋은 떡이다.

재료 찹쌀가루 300g, 소금 3g, 데친 쑥 150g
소(유자청 건지 2T, 꿀 2T, 삶은 밤 5개)
고물(거피팥고물 1컵, 소금 1T, 꿀 2T)

만드는 방법

① 찹쌀가루에 소금과 물을 넣어 섞은 다음 찜기에 젖은 면포를 깔고 안쳐서 15분 정도 찌다가 데쳐서 다진 쑥을 넣고 5분 정도 더 익힌다.
② 스텐볼에 떡을 쏟아 꽈리가 일도록 친다.
③ 소 : 유자청건지는 다지고, 삶은 밤 1개는 으깨서 꿀과 함께 섞어준다.
④ 고물 : 삶은 밤 4개는 잘게 으깨 거피팥고물과 함께 섞어준다.
⑤ 떡은 20개 정도로 나누어주고 손에 꿀을 묻힌 후 소를 넣어 오므려준다.
⑥ 1.5×2.5×3.5cm 크기로 빚어 꿀을 바른 후 고물을 묻힌다.

유의사항

- 찹쌀가루와 쑥의 비율은 2 : 1 또는 1 : 1로 한다.
- 쑥이나 수리취 등을 섞어서 반죽하면 떡의 노화속도가 지연된다.
- 치는 찰떡류의 찹쌀가루는 거칠게 빻아야 떡이 잘 쪄진다.
- 찹쌀가루는 멥쌀가루보다 아밀로펙틴 함량이 많아 떡을 찔 때 설익을 수 있으므로

주의하고, 찹쌀떡은 멥쌀떡보다 찌는 시간이 길다.

- 멥쌀가루를 소량 첨가하면 굳혀서 썰기에 좋다.
- 찹쌀가루를 찔 때 설탕을 면포에 뿌리고 찌면 떡이 면포에서 잘 떨어진다.
- 유리나 스테인리스 스틸 재질의 뚜껑은 수증기가 떡에 떨어질 수 있으니 면포를 덮어준다.

2. 석이단자

석이단자는 찹쌀가루에 곱게 다진 석이버섯을 섞어 쪄서 다진 잣가루를 고물로 묻힌 단자로 향기와 맛이 뛰어난 떡이다.

속에 소를 넣지 않고 썰어서 고물을 묻히는 단자로 보통 석이단자, 대추단자, 쑥구리단자를 한데 어울려 담아 삼색단자를 만든다.

재료 찹쌀가루 300g, 소금 3g, 석이가루 3T
고물(잣 1/2컵, 꿀 2T)

만드는 방법

① 석이버섯은 물에 불린 후 이끼와 돌기를 제거하고 깨끗이 씻은 후 말려서 분쇄기에 갈아준다.
② 찹쌀가루에 석이가루를 넣고 잘 섞은 후 멥쌀보다 물을 적게 넣어 너무 질지 않을 정도로 물 주기를 한다.
③ 찜기에 젖은 면포를 깔고 25~30분 정도 쪄준다.
④ 스텐볼에 떡을 쏟아 꽈리가 일도록 친다.
⑤ 도마에 꿀을 바르고 친 떡을 쏟아 1.5cm 두께로 반대기를 지은 후 2.5×3.5cm 크기로 썰어준다.
⑥ 떡에 꿀을 바른 후 잣가루를 묻힌다.

유의사항

- 석이버섯은 크기가 크고 자락이 넓어야 사용하기 좋다.
- 치는 찰떡류의 찹쌀가루는 거칠게 빻아야 떡이 잘 쪄진다.
- 찹쌀가루는 멥쌀가루보다 아밀로펙틴 함량이 많아 떡을 찔 때 설익을 수 있으므로 주의하고, 찹쌀떡은 멥쌀떡보다 찌는 시간이 길다.
- 찹쌀가루를 찔 때 설탕을 면포에 뿌리고 찌면 떡이 면포에서 잘 떨어진다.
- 유리나 스테인리스 스틸 재질의 뚜껑은 수증기가 떡에 떨어질 수 있으니 면포를 덮어준다.

⑨ 지지는 떡류 만들기

지지는 떡은 '전병(煎餠)'이라 하며 주로 찹쌀가루를 끓는 물에 익반죽하여 모양을 만들어 기름에 지져내는 떡이다.

지지는 떡에는 화전, 주악, 부꾸미 등이 있다.

떡의 종류에 따라 반죽의 정도가 다른데 화전은 약간 진 것이 좋고, 주악은 약간 되게 반죽해야 지질 때 모양이 망가지지 않는다.

1. 화전

화전은 더운물로 익반죽하여 잘 치댄 후 반죽을 동글납작하게 빚어서 기름을 두르고 지지는 웃기떡으로 계절에 따라 진달래꽃, 장미꽃, 맨드라미꽃, 감국(황국화) 등의 꽃잎을 얹어서 만든 계절떡이다. 꽃이 없는 계절에는 대추, 쑥갓 등을 사용한다.

재료 찹쌀가루 400g, 소금 1T, 진달래꽃 20송이, 대추 5개, 꿀, 식용유

만드는 방법

① 찹쌀가루는 끓는 물로 익반죽을 한 후 직경 5cm 정도로 동글납작하게 빚는다.
② 진달래꽃은 꽃술을 제거하고 물에 살짝 헹군 후 표면의 물기를 제거한다.
③ 대추는 길게 잘라 꽃줄기를 만들거나 동그랗게 말아 썰어준다.
④ 팬을 가열한 후에 기름을 두르고 반죽을 놓고 한 면이 적당히 익으면 뒤집어 꽃과 대추 등을 올려 충분히 익혀준다.
⑤ 겉에 꿀을 발라준다.

유의사항

• 반죽이 너무 되직하지 않게 하고 충분히 주물러 표면이 매끄러워지도록 하여 갈라짐이 생기지 않도록 한다.

제3절 떡류 포장 및 보관

❶ 떡류의 포장

1. 포장의 목적 및 기능

떡류 포장의 목적은 떡을 완성하고 적당한 크기와 용량으로 유통단계를 거치는 동안 안전성을 보장하여 식품의 가치를 유지 또는 상승시키는 데 있다.

완성된 떡은 미생물에 대한 안전성(30~60℃)을 위해 비닐로 싼 후 냉동고에서 냉각하여 온도를 떨어뜨린 후에 포장한다.

1) 식품포장의 목적

① 먼지나 해충 등의 이물질을 차단하여 위생적인 품질관리
② 공기를 차단하고 수분방출을 막아 떡의 노화를 지연하고 저장성을 향상시킴
③ 외관을 아름답게 하여 상품성을 향상시킴
④ 고객의 편리성을 도모
⑤ 유통 중 제품의 파손을 방지

2) 식품포장의 기능

① 용기로서의 기능
② 보호기능
③ 소비자로부터의 접근용이성
④ 정보성, 상품성
⑤ 환경친화성
⑥ 안전성
⑦ 경제성

2. 포장의 방법

1) 손으로 하는 포장

① 소량 포장에 주로 사용
② 랩, 폴리에틸렌, 일회용 포장 트레이 등에 넣어서 포장
③ 식품표시사항 부착
④ 일반적인 떡집에서의 포장

2) 기계를 이용한 포장

① 포장하는 기계에 포장용지 규격을 맞추어 포장하는 방법
② 대량생산 포장에 주로 사용
③ 포장 완성 시 열 접합부위 점검 필요
④ 식품표시사항 부착
⑤ 회전판의 위생상태 점검 필요
⑥ 마지막단계에서 금속검출기를 통과시켜 금속류 검출

3. 떡 포장재의 종류

1) 종이

① 가장 오래된 형태의 포장 재질
② 식품용으로 많이 사용
③ 간편하고 가벼우며 경제적
④ 떡의 경우 코팅된 제품 사용

2) 폴리에틸렌(polyethylene, PE)

① 식품에 직접 닿아도 되는 소재
② 수분차단성이 좋아 식품포장용으로 많이 사용
③ 식품포장 외에 에어캡, 선물포장지 등 다양하게 사용

3) 폴리프로필렌(polypropylene, PP)

① 비교적 안전한 소재로 비닐포장지에 많이 사용
② 투명도가 높고 방습성이 좋아 도넛, 쿠키 등에 많이 사용
③ OPP는 PP보다 강도가 높고 투명성이 더 뛰어남

4) 폴리스티렌(polystyrene, PS)

① 스티렌을 중합하여 만든 합성수지
② 투명하고 형상을 만들기 쉬움
③ 1회용 컵(본체 또는 뚜껑), 과자상자의 속포장 용기로 많이 사용

4. 떡류 포장용기 표시사항

① **제품명** : 개개의 제품을 나타내는 고유의 명칭
② **식품의 유형** : 식품의 기준 및 규격의 최소 분류단위
③ 영업소(장)의 명칭(상호) 및 소재지
④ **유통기한** : 제품의 제조일로부터 소비자에게 판매가 허용되는 기한
⑤ **원재료명** : 식품 또는 식품첨가물의 처리 · 제조 · 가공 또는 조리에 사용되는 물질로 최종 제품 내에 들어 있는 것
⑥ **용기 · 포장 재질** : 포장재로 사용된 재질의 이름
⑦ **품목보고번호** : 「식품위생법」 제37조에 따라 제조 · 가공업 영업자가 관할기관에 품목제조를 보고할 때 부여되는 번호
⑧ 성분명 및 함량(해당 경우에 한함)
⑨ 보관방법(해당 경우에 한함)
⑩ 주의사항(소비자 안전을 위한 주의사항)

❷ 떡류의 보관

1. 냉장보관

① 식품의 온도를 0~4℃의 저온에서 저장하는 방법
② **단기간 보존** : 저온으로 부패세균의 생육이나 효소작용 억제
③ 채소, 과일 등
④ 0~4℃에서 완성된 떡 보관 시 떡의 노화 진행

2. 냉동보관

① 0℃ 이하의 온도에서 식품을 동결시켜 저장하는 방법으로 −18℃ 이하로 식품 자체의 수분을 냉각시켜 저장하는 방법
② **장기저장 가능** : 미생물이 생육할 수 없고 효소의 활성이 크게 저하. 지나친 보관 시 식품의 품질이 저하
③ 육류, 어류 등
④ 떡의 표면으로부터 수분의 승화에 의한 표면건조현상 발생
⑤ **냉동포장재 조건** : 내한성, 무독, 위생적, 식품에 어떤 맛이나 냄새도 주지 않아야 함
⑥ 떡의 노화를 방지하기 위해 뜨거운 김이 한 김 나간 후 −18℃ 이하로 냉동 보관
⑦ **급속냉동** : 완만 냉동 시 얼음 결정의 크기가 크고 식품의 텍스처 품질 손상

3. 떡류의 보관관리

① 당일 제조 및 판매 물량만 확보하여 사용
② 오래 보관된 제품은 판매 금지
③ 진열 전의 떡은 서늘하고 빛이 들지 않는 곳에 보관
④ 여름철에는 상온에서 24시간까지 보관 시 떡이 상함

CHAPTER 3

위생·안전 관리

제1절 개인위생관리

❶ 개인위생관리

개인위생이란 식품 취급자의 개인적인 청결유지와 위생관련 실천행위를 의미하며 신체 부위, 복장, 습관, 장신구, 건강관리와 건강진단 등이 포함된다.

1. 위생복장 착용기준

1) 머리와 모발관리

① 머리는 매일 감는다.
② 긴 머리는 묶는다.
③ 위생모자 밖으로 귀와 머리카락이 나오지 않도록 한다.
④ 위생모자는 깨끗한 것을 착용하고 망사모자는 피한다.

2) 피부 및 얼굴

① 지나친 화장과 향수를 피하고 인조속눈썹 부착을 금한다.
② 피부의 염증이나 땀은 오염의 우려가 있으므로 만지지 않는다.
③ 눈에 감염이 있는 경우 눈을 문지르면 손이 오염된다.
④ 음식을 먹은 후 3분 내에 이를 닦도록 한다.
⑤ 마스크는 코까지 덮도록 한다.
⑥ 목걸이, 귀걸이 등의 장신구 착용을 금하며, 휴대전화, 시계 등을 반입하지 않는다.

3) 복장

① 상의는 흰색이나 옅은 색상의 면소재로 매일 세척 후 건조 착용
② 상의와 하의는 외출복과 구분 보관관리
③ 앞치마는 세척, 소독 후 건조하여 착용하며 착용 후 청결유지
④ 앞치마는 전처리용, 조리용, 배식용, 세척용으로 구분하여 사용
⑤ 신발은 미끄럽지 않은 재질을 선택하고 외부용과 구분 착용하며 건조하고 소독된 것을 사용

2. 손의 위생관리

1) 손의 위생관리

① 손에는 다양한 미생물이 존재하고 외부로부터 쉽게 오염되므로 손을 위생적으로 관리해야 함
② 손소독은 70% 에틸알코올을 희석하여 분무용기에 담아 뿌린 뒤 건조한 뒤에 사용
③ 역성비누는 손 소독에 많이 사용하며 살균효과는 좋으나 세척력은 약함

역성비누

① 양이온 계면활성제, 양성비누라고도 함
② 무색, 무미, 무해함
③ 일반비누와 같이 사용하면 살균력이 떨어지므로 같이 사용하지 않음
④ 손소독, 기구, 용기 등의 소독에 사용

2) 손 씻기

① 손톱 끝이나 손가락 사이, 손바닥, 손등을 꼼꼼히 문질러 닦는다.
② 고인 물보다는 흐르는 물에, 물보다는 비누를 사용하는 것이 효과적이다.
③ 작업 전에 손 씻기를 한다.
④ 점심시간 및 휴식시간 전후에 손 씻기를 한다.
⑤ 화장실 사용 후에 손 씻기를 한다.
⑥ 식품취급작업장을 떠났다가 다시 돌아왔을 때 손 씻기를 한다.

⑦ 같은 식품처리장에서 업무를 바꾸었을 때 손 씻기를 한다.
⑧ 오물이 묻어 있거나 기준 이하의 수준에 있는 식품 또는 기구를 만져 오염되었을 때 손 씻기를 한다.

❷ 건강진단

1. 의무건강진단

식품 또는 식품첨가물을 채취, 제조, 가공, 조리, 저장, 운반 또는 판매하는 일에 직접 종사하는 영업자 및 종업원은 「식품위생 분야 종사자의 건강진단 규칙」에 따라 매년 1회의 건강검진을 받아야 하며, 업장에는 보건증을 상시 비치해 두어야 한다.

다만, 완전포장된 식품 또는 식품첨가물을 운반하거나 판매하는 일에 종사하는 사람은 제외한다.

2. 영업에 종사하지 못하는 질병

① 제1군 감염병 : 콜레라, 장티푸스, 파라티푸스, 세균 이질, 장출혈성대장균감염증, A형간염
② 결핵(비감염성인 경우 제외)
③ 피부병 또는 그 밖의 화농성 질환
④ 후천성면역결핍증(AIDS) : 성병건강진단이 필요한 경우

3. 주의를 요하는 질병

① 복통이나 설사
② 콧물이나 목 간지러움
③ 피부 가려움이나 발진
④ 구토나 황달

❸ 오염 및 변질의 원인

1. 식품의 오염

1) 잠재적 위해식품

① 수분함량과 단백질 함량이 높은 식품으로 세균이 쉽게 증식 가능하여 온도와 시간 관리가 필요한 식품

② 미생물 증식이 높아지기 쉬운 5~60℃에서는 조리된 식품을 2시간 이상 실온에 방치하지 않아야 함

③ 달걀, 유제품, 해산물, 육류, 가금류, 조개류, 갑각류, 곡류식품, 콩식품 등

2) 교차오염

① 식재료나 조리기구, 물 등에 오염되어 있던 미생물이 오염되지 않은 식재료나 조리기구, 물 등에 접촉되거나 혼입되면서 전이되는 현상

② 칼, 도마, 조리기구 등은 식품군별로 구별하여 사용

③ 생식품 또는 오염된 조리기구에 사용된 칼, 도마, 식기 등은 깨끗이 세척한 후 소독하여 사용

④ 식품검수 및 취급 시에는 바닥으로부터 60cm이상의 높이에서 실시

2. 식품의 변질

1) 식품변질의 종류

구분	내용
부패	• 단백질이 미생물의 분해작용에 의해 아민이나 황화수소 등의 유독성 물질을 생성하여 본래의 성질을 잃고 악취가 발생함으로써 인체에 유해한 물질을 생성하는 현상
변패	• 탄수화물이나 지질식품이 미생물의 작용에 의해 정상적이지 않은 맛과 냄새를 내며 변질되는 현상
산패	• 지방이 공기, 햇빛 등에 방치되었을 때 산소에 의해 산화되어 냄새와 맛이 변질되는 현상 • 산소, 빛, 열은 산패를 촉진시키는 요인 • 차갑고 어두운 곳에서 산패는 약간 지연됨 • 미생물에 의한 변질현상이 아님
발효	• 미생물이나 효소가 식품의 성질을 변화시키고 분해시켜 우리 몸에 유익한 균을 생성하는 현상 • 간장, 된장, 고추장, 빵 등

2) 식품 변질에 영향을 주는 인자

① **영양소** : 미생물의 발육과 증식에는 탄소, 질소, 무기질, 비타민 등이 필요

② **수분** : 미생물의 발육증식에는 40% 이상의 수분이 필요, 곰팡이는 15% 이상에서 잘 번식, 수분 13% 이하에서 세균, 곰팡이의 발육 억제

③ **온도** : 균의 종류에 따라 발육이 활성화되는 온도가 다름

미생물	증식온도(℃) 범위	대표균의 종류
저온균	0~20	엔테로 박테리아, 에세리키아, 클레브시엘라, 엔테로박터, 아이로박터 등
중온균	25~40	대부분의 병원균, 슈도모나스, 아이로모나스, 비브리오, 알칼리제네스, 아트로박터 등
고온균	45~60	온천수에 서식

④ **pH** : 곰팡이, 효모는 pH 4.0~6.0의 약산성에서, 세균은 pH 6.5~7.5의 중성 또는 약알칼리에서 생육이 활발

⑤ **산소**

구분	특징	균의 종류
호기성균	산소가 있어야 증식	곰팡이, 효모, 바실루스, 방선균
혐기성균	산소가 없어야만 증식	낙산균, 클로스트리디움
통성혐기성	산소 유무와 상관없이 증식	젖산균, 효모
편성호기성	산소가 풍부해야 잘 증식	보툴리누스균, 웰치균
편성혐기성	산소가 없어야 잘 증식	파상풍균

⑥ **수분활성도에 따른 부패 미생물의 빠른 증가 순서** : 세균 〉 효모 〉 곰팡이

⑦ **미생물 증식의 3대 조건** : 영양소, 온도, 수분

⑧ **미생물의 크기** : 곰팡이 〉 효모 〉 스피로헤타 〉 세균 〉 리케차 〉 바이러스

3) 식품변질의 원인

① 미생물 작용의 주요 원인은 영양소, 온도, 수분, 산소, pH 등으로 이들이 있어야 생육 가능

② 압력, 냉동, 건조 등의 과정에서 발생한 물리적 변화

③ 천연효소의 작용
④ 미생물이나 천연효소의 작용 외의 화학적 변화
⑤ 곤충 및 벌레에 의한 손상
⑥ 식품이 변질되면 과산화물, 암모니아, 황화수소 등이 생성

4) 식품부패 판정법

① **관능검사** : 눈, 코, 입 등 감각기관을 이용
② **물리적 검사** : 식품의 점성, 탄력성, 경도 등을 측정
③ **미생물학적 검사** : 초기부패는 1g당 또는 1ml당 10^7
④ **화학적 검사** : 휘발성 염기질소(초기부패 : 30~40mg%), 트리메틸아민(TMA, 초기부패 : 3~4mg%), 히스타민(초기부패 : 4~10mg%)

3. 감염병 및 예방대책

감염병은 세균, 바이러스, 진균, 기생충 등에 의해 감염되는 질환

1) 감염병 발생의 3대 요소

① **감염원(병원체, 병원소)** : 감염원 격리 또는 병원체 살균 등으로 병원체 제거
② **감염경로(전파방식, 환경)** : 식품, 기구, 곤충 및 동물 등의 감염경로를 차단
③ **숙주의 감수성(개인면역에 대한 저항성)** : 예방접종을 통한 면역력 증강

2) 감염경로에 따른 분류

구분	내용
직접접촉	매독, 임질
간접접촉	• 비말감염 : 기침이나 재채기에 의한 감염(디프테리아, 인플루엔자, 성홍열) • 진애감염 : 먼지에 의해 감염(결핵, 천연두, 디프테리아)
개달물 감염	의복, 수건 등에 의해 감염(결핵, 트라코마, 천연두)
수인성 감염	이질, 콜레라, 파라티푸스, 장티푸스
음식물 감염	이질, 콜레라, 파라티푸스, 장티푸스, 소아마비, 유행성 감염
토양 감염	파상풍

3) 병원체에 따른 분류

구분	내용
세균성	이질, 장티푸스, 파라티푸스, 콜레라, 장출혈성 대장균 등
바이러스	폴리오(급성 회백수염, 소아마비), A형 간염(유행성간염), 홍역, 일본뇌염, 광견병, 천열, 인플루엔자, 유행성이하선염 등
리케차	쯔쯔가무시병, 발진티푸스, 발진열, Q열 등
원충성(기생충성)	아메바성 이질, 말라리아 등

4) 법정 감염병의 분류

법정감염병	내용
제1군	• 전파속도가 빨라서 유행 즉시 방역대책을 수립해야 하는 감염병 • 장티푸스, 콜레라, 파라티푸스, 세균 이질, A형 간염, 장출혈성 대장균 등
제2군	• 예방접종을 통하여 예방 및 관리할 수 있어 국가 예방접종사업의 대상 • 디프테리아, 파상풍, 백일해, 홍역, 유행성이하선염, 풍진, 폴리오, B형 간염, 일본뇌염, 수두, 폐렴구균 등
제3군	• 유행할 가능성이 있어 방역대책이 필요한 감염병 • 말라리아, 결핵, 성홍열, 탄저, 공수병, 비브리오 패혈증, 발진티푸스, 쯔쯔가무시증, 유행성출혈열, 레지오넬라증, 매독, AIDS 등
제4군	• 국내에서 새롭게 발생하거나 국내로 유입된 국외 유행 감염병 • 페스트, 황열, 뎅기열, 바이러스성 출혈열, 두창, 사스, 조류인플루엔자, 신종 인플루엔자 등
제5군	• 기생충 감염에 의해 발생되는 감염병 • 회충증, 편충증, 요충증, 간흡충증, 폐흡충증, 장흡충증 등

5) 소화기계 감염병(경구감염병)

음식물, 손, 물, 곤충, 쥐 등의 감염원으로부터 세균이 입을 통하여 체내로 침입하는 감염병

구분	내용
장티푸스	• 경구감염으로 우리나라에서 가장 많이 발생하는 급성 감염증 • 물을 끓여 먹고 음식물의 위생관리 철저
세균 이질	• 비위생적인 시설 및 환경(오염된 물, 식품, 파리 등)에서 많이 발생 • 물을 끓여 먹고 음식물의 위생관리 철저
콜레라	• 비브리오 콜레라균에 의해 전염 • 항구나 항만검역 필요

구분	내용
디프테리아	• 환자 및 보균자의 분비물에 의해 전염
성홍열	• 환자나 보균자와의 접촉, 분비물, 오염된 식품으로 전염
유행성 간염	• A형 간염바이러스 감염환자의 분비물로 인한 오염된 물, 음식 등으로 전염 • 물을 끓여 먹고 음식물의 위생관리 철저

6) 인수공통감염병

사람과 동물이 같은 병원체에 의해 발생하는 감염병

구분	내용
탄저	• 병원체 : 탄저균 • 동물 : 소, 말, 돼지, 양 • 농업이나 축산업 종사자
결핵	• 병원체 : 결핵균 • 동물 : 소, 양 • 오염된 우유나 유제품을 통해 감염 • BCG 접종 및 우유 살균, 식품가열 등으로 예방
Q열	• 병원체 : 콕시엘라버네티 • 동물 : 쥐, 소, 양, 염소 • 감염된 동물의 생우유, 조직, 배설물의 접촉을 통해 감염
브루셀라	• 병원체 : 브루셀라균 • 동물 : 소, 돼지, 개, 닭, 산양, 말 • 사람에게 열병을 일으킴
야토병	• 병원체 : 야토균 • 동물 : 산토끼
광견병	• 병원체 : 광견병바이러스 • 동물 : 광견병에 걸린 가축, 야생동물
조류인플루엔자	• 병원체 : 인플루엔자 바이러스 • 동물 : 닭, 오리, 칠면조, 야생조류

7) 위생해충에 의한 감염병

구분	내용
모기	말라리아, 일본뇌염, 뎅기열, 황열 등
이	발진티푸스, 재귀열 등
파리	이질, 콜레라, 장티푸스, 파라티푸스, 디프테리아 등

구분	내용
쥐	유행성출혈열, 페스트, 발진열, 서교증, 쯔쯔가무시병 등
바퀴벌레	이질, 콜레라, 장티푸스, 소아마비 등
진드기	쯔쯔가무시병, 재귀열, 유행성출혈열, 양충병 등

4. 식중독

식중독은 식품 섭취로 인해 인체에 유해한 미생물이나 유독물질에 의해 일어나는 질병으로 구토, 설사, 복통, 발열 등의 증상이 나타난다.

1) 식중독 예방대책

① 개인위생관리 철저
② 변질된 음식의 섭취 금지
③ 음식은 위생적으로 처리
④ 조리된 음식은 상온에 보관하지 않고 신선도가 유지되는 시간 안에 소비
⑤ 음식이 해충에 닿지 않도록 유의
⑥ 조리도구의 청결유지 및 소독
⑦ 어패류나 육류는 충분히 익히고 물은 끓임
⑧ 채소는 흐르는 물에 여러 번 씻기
⑨ 식품재료에 알맞은 살균 및 소독 실시

2) 식중독의 분류

(1) 세균성 식중독

① 감염형 식중독

구분	내용
살모넬라	• 잠복기 : 평균 20시간 • 증상 : 발열, 구토, 복통, 설사 등의 급성 위장증세 • 원인식품 : 어패류, 육류, 달걀, 알, 우유 및 유제품 등 • 예방 : 쥐, 파리, 바퀴 등 오염원 제거 및 60℃ 이상에서 20분 이상 가열

구분	내용
장염비브리오	• 잠복기 : 평균 12시간 • 증상 : 구토, 발열, 복통 등의 급성위장염 • 원인식품 : 어패류 생식 • 예방 : 여름철에 집중 발생, 60℃ 이상에서 15분 이상 가열
병원성대장균	• 잠복기 : 평균 12시간 • 증상 : 발열, 구토, 복통, 설사, 혈변 등의 급성 위장증세 • 원인식품 : 햄, 치즈, 오염된 우유 등 • 예방 : 사람과 동물의 분변을 위생적으로 처리, 손 씻기 • 특징 : O-157:H7은 미국 햄버거 패티에서 처음 발견

② 독소형 식중독

구분	내용
황색포도상구균	• 잠복기 : 평균 3시간 • 증상 : 구토, 복통, 설사 등의 급성 위장증세 • 원인식품 : 김밥, 도시락, 떡, 빵 등 • 예방 : 화농성질환자의 식품취급을 금함 • 특징 : 화농성질환을 일으키는 대표적인 원인균. 세균은 80℃, 30분 가열로 죽일 수 있으나 독소는 100℃ 30분 가열로도 파괴되지 않아 열처리한 식품 섭취로도 식중독 유발 가능
보툴리누스균	• 잠복기 : 평균 12~36시간 • 증상 : 시력저하, 동공확대, 언어장애 등 신경마비증상 • 원인식품 : 햄, 통조림, 병조림 등 진공포장식품 • 예방 : 통조림 제조 시 가열처리, 살균 철저 • 특징 : 뉴로톡신은 열에 약하나 생성된 포자는 열에 강함. 치사율 약 50%

③ 알레르기성 식중독

구분	내용
알레르기성	• 잠복기 : 평균 30분 • 증상 : 두드러기, 구토, 설사, 두통, 발열 등 • 원인식품 : 어육(붉은 살 생선 등)의 히스티딘에 모르가니균이 침투하여 히스타민으로 변환 • 예방 : 항히스타민제 투여, 신선한 제품 구입 • 특징 : 1일 이내에 회복

④ 바이러스성 식중독

구분	내용
노로바이러스	• 잠복기 : 평균 24~48시간 • 증상 : 메스꺼움, 구토, 설사, 위경련 등 급성위장염

구분	내용
노로바이러스	• 원인식품 : 사람의 분변에 오염된 물, 식품 등 • 예방 : 개인위생 철저 • 특징 : 겨울철에 주로 발생
로타바이러스	• 증상 : 생후 3~24개월의 영유아에게 장염 발생 • 예방 : 개인위생 및 주변위생 철저 • 특징 : 겨울철에 주로 발생

⑤ 세균성 식중독과 소화기계 감염병의 차이

구분	세균성 식중독	소화기계 감염병
감염원	식중독균에 오염된 식품	감염병균
감염균 수	대량의 균	소량의 균
2차 감염	거의 없다(살모넬라, 장염비브리오 제외)	많다
잠복기	짧다	길다
면역성	없다	있다

(2) 화학적 식중독

구분	종류	내용
중금속	수은	• 원인 : 유기수은에 오염된 어패류, 수은제제인 농약 등으로 처리한 음식물 섭취 • 질병 : 미나마타병 • 증상 : 구내염, 근육경련, 언어장애
	카드뮴	• 원인 : 카드뮴에 오염된 어패류, 식기의 도금 등에 사용된 카드뮴 • 질병 : 이타이이타이병 • 증상 : 신장기능장애, 골다공증, 보행곤란 등
	납	• 원인 : 농약, 통조림 부식 등(멍게, 미더덕에 많다) • 증상 : 빈혈, 시력장애, 마비 등 • 특징 : 미량을 지속적으로 섭취 시 만성중독 가능, 소변에서 '코프로포르피린' 검출
	주석	• 원인 : 통조림 등의 부식과 용출 • 증상 : 구토, 복통, 설사 등 • 특징 : 내용물이 산성인 경우 용출량이 많다.
	비소	• 원인 : 방부제, 살충제, 농약, 도기와 법랑의 안료 등 • 증상 : 급성구토, 경련, 설사 등 • 특징 : 음식물로는 해조류, 갑각류에 많다.

구분	종류	내용
농약	유기인계	• 파라티온, 말라티온, TEPP 등의 농약 • 증상 : 신경증상, 혈압상승, 근력감퇴 등 • 특징 : 광선에 의한 분해가 빠르다.
	카바메이트계	• 알디캅, 카바릴, 카보푸란 등 • 증상 : 기침, 구토, 호흡곤란 등 • 특징 : 생체 내에서의 대사가 빠르다.
	유기염소계	• DDT, BHC, DDD 등의 농약 • 증상 : 구토, 설사, 두통 등 • 특징 : 자연계에서 잔류, 지용성으로 인체 지질조직에 축적
기타	유해감미료	둘신(설탕의 250배), 시클라메이트(설탕의 40배), 에틸렌글리콜(신경장애), 페닐라민(설탕의 2,000배, 신장 염증)
	유해보존료	붕산(햄, 어묵, 마가린 등), 포름알데히드(주류, 장류, 육제품 등), 불소화합물(육류, 우유, 알코올음료 등), 승홍(주류)
	유해착색제	아우라민(황색색소, 과자, 단무지, 카레분 등), 로다민 B(복숭앗빛, 과자, 생선묵, 토마토케첩 등), 실크스칼렛(직물의 주황색, 구토, 복통 등)
	유해표백제	론갈리트(발색제, 물엿, 연근 등), 형광표백제(압맥, 국수, 생선묵 등), 삼염화질소(밀가루 표백)

(3) 자연독 식중독

천연물질 내에 있는 독성물질을 식용 가능한 것으로 판단, 섭취함으로써 발생하는 질환

① 동물성 자연독

구분	내용
복어	• 테트로도톡신 • 특징 : 독성이 강하고 열에 파괴되지 않음 • 증상 : 식후 30분~5시간 후 구토, 호흡곤란, 의식불명 • 치사율 : 40~80%
모시조개, 바지락, 굴	• 베네루핀 • 특징 : 열에 강해 100℃에서 1시간 가열해도 파괴되지 않음 • 증상 : 1~2일 후 구토, 복통, 의식장애 등 • 치사율 : 40~50%
섭조개(홍합), 대합	• 삭시톡신 • 특징 : 여름철에 독성이 강함 • 증상 : 식후 30분~3시간 후 마비증상, 언어장애, 호흡곤란 등 신경계통의 마비 • 치사율 : 10%

② 식물성 자연독

구분	내용
감자	솔라닌(감자의 싹, 녹색부위), 셉신(썩은 부위)
버섯	무스카린, 아마니타톡신, 이보텐산, 무스카리딘, 콜린
목화씨	고시폴
피마자	리신
은행, 청매	아미그달린
독보리	테물린
독미나리	시큐톡신

③ 곰팡이독

구분	내용
아플라톡신	• 곰팡이가 아플라톡신 독소(간장독)를 생성 • 메주, 간장, 된장, 곡류, 곶감 등
황변미	• 푸른곰팡이가 독소를 생성 • 독소 : 시트리닌(신장독), 시트레오비리딘(신경독), 이슬란디톡신(간장독) • 황색으로 오염된 쌀
맥각	• 맥각균이 독소(에르고톡신, 에르고타민)를 생성 • 보리, 밀, 호밀 등
푸모니신	• 붉은곰팡이독 • 곡류(주로 옥수수)

5. 기생충

1) 기생충 감염예방

① 조리도구 소독

② 어패류나 육류는 반드시 익혀서 섭취

③ 채소는 흐르는 물에 깨끗이 세척

④ 개인위생관리 철저

⑤ 구충제 복용

⑥ 채소 재배 시 인분 등 사용 자제

2) 채소류에서 감염되는 기생충

구분	내용
회충	• 원인 : 경구감염. 인분을 비료로 사용 • 예방 : 채소 재배 시 인분 등 사용 자제
요충	• 원인 : 경구감염. 맹장에 기생 • 예방 : 손 세척. 감염원 발생 시 구성원 모두 구충제 복용
십이지장충	• 원인 : 피부감염 • 예방 : 채소 재배 시 인분 등 사용 자제. 손 세척
편충	• 원인 : 경구감염. 맹장에 기생 • 예방 : 채소 재배 시 인분 등 사용 자제. 손 세척

3) 육류에서 감염되는 기생충

구분	내용
무구조충 (민촌충)	• 원인 : 경구감염. 인분으로 오염된 풀을 먹은 소 • 예방 : 소고기 익혀서 섭취
유구조충 (갈고리촌충)	• 원인 : 경구감염. 돼지고기 생식 • 예방 : 돼지고기 익혀서 섭취
선모충	• 원인 : 경구감염. 쥐를 통해 감염 • 예방 : 돼지고기 익혀서 섭취

4) 어패류에서 감염되는 기생충

구분	내용
간디스토마	• 원인 : 쇠우렁이(제1중간숙주), 잉어, 붕어(제2중간숙주) • 예방 : 민물고기 익혀서 섭취
폐디스토마	• 원인 : 다슬기(제1중간숙주), 참게, 참가재(제2중간숙주) • 예방 : 참게나 참가재 익혀서 섭취
유극악구충	• 원인 : 물벼룩(제1중간숙주), 미꾸라지, 뱀장어(제2중간숙주) • 예방 : 담수어를 익혀서 섭취, 자연에 방치된 물 끓여서 섭취
요코가와흡충	• 원인 : 다슬기(제1중간숙주), 민물고기(제2중간숙주) • 예방 : 민물고기 익혀서 섭취(특히 은어, 황어)
긴촌충	• 원인 : 물벼룩(제1중간숙주), 담수어, 반담수어(제2중간숙주) • 예방 : 담수어 익혀서 섭취(특히 은어, 황어)
아니사키스	• 원인 : 고래회충 • 예방 : 고등어, 청어, 오징어 등 해산물을 익혀서 섭취

6. 살균 및 소독

소독력 : 멸균 〉 살균 〉 소독 〉 방부

1) 정의

구분	내용
소독	• 병원균에 열을 이용한 물리적인 방법 또는 약품에 의한 화학적 방법을 사용하여 병원균을 제거하는 것 • 전파력 및 감염력을 없애는 것으로 미생물 오염 방지에 사용 • 미생물의 포자는 제거되지 않음
살균	• 미생물에 열을 이용한 물리적 방법 또는 약품에 의한 화학적 방법을 사용하여 급속히 미생물을 제거하는 것 • 멸균과 다르게 유익한 것은 되도록 남기고 유해한 것을 선택적으로 제거
멸균	• 살균보다 강력한 물리적인 방법 또는 약품에 의한 화학적 방법을 사용하여 살아 있는 세균, 세포, 미생물을 모두 제거하는 것 • 소독의 가장 안전한 형태
방부	• 미생물의 번식으로 물질이 부패하거나 변질, 발효되는 것을 막는 방법

2) 방법

구분		내용
물리적 방법	일광소독법	• 햇빛에 있는 자외선을 이용하는 방법 • 침구, 의류 등 • 결핵균 등이 살균
	자외선살균법	• 파장 2500~2800Å의 자외선 이용 • 살균효과가 크고 모든 균종류에 효과 • 광선이 닿지 않는 곳에는 효과가 없음
	방사선살균법	• 식품에 방사선을 쐬어 살균 • 포장된 상태에서 살균이 가능 • 사용방법이 어렵고 설비비가 크다.
	세균여과법	• 세균여과기를 통하는 방법 • 바이러스는 걸러지지 않음
	열탕소독법(자비)	• 끓는 물에서 15~30분간 가열하는 방법 • 식기류, 행주 등
	소각법	• 다시 사용하지 않을 물건 등을 태우는 방법
	화염멸균법	• 불꽃 속에 20초 이상 물건을 넣어 미생물을 사멸하는 방법 • 불에 타지 않는 물건

구분		내용
물리적 방법	건열멸균법	• 건열멸균기나 건열오븐을 이용하여 160℃ 이상에서 30분 이상 가열하는 방법 • 주로 치과도구(주삿바늘, 유리기구 등)
	고압증기멸균법	• 고압증기멸균기를 이용하여 121℃에서 15~20분간 증기열로 멸균하는 방법 • 모든 균 사멸(아포균 포함) • 통조림이나 거즈 등
	간헐멸균법	• 1일 1회 100℃에 20~30분간 가열하여 총 3회 반복하여 멸균하는 방법 • 아포균 사멸 가능
	초고온순간살균법	• 130~140℃에서 2초간 살균하는 방법 • 영양 손실이 적고 완전멸균 가능 • 우유 소독
	고온단시간살균법	• 70~75℃에서 15~30초간 살균하는 방법 • 우유 소독
	저온살균법	• 61~65℃에서 30분간 살균하는 방법 • 영양소 손실이 적으며 고온처리가 적합하지 않은 경우 사용(우유 등)
화학적 방법	석탄산	• 3% • 금속부식성 및 피부자극성 • 독성이 강하고 냄새가 강함 • 살균력이 안정적이고 유기물에도 소독력 유지 • 분뇨, 하수도 등의 오물소독
	역성비누	• 0.01~0.1%(200~400배 희석) • 무색, 무미, 무해하고 살균력이 강함 • 보통비누, 유기물 존재 시 살균력 저하 • 과일, 채소, 손, 식기 등
	염소	• 잔류 염소량 : 0.2ppm • 자극성, 금속부식성 • 상수도, 수영장 등 소독
	차아염소산나트륨	• 물에 희석하여 사용(50~100ppm) • 채소, 식기, 조리도구 등
	크레졸	• 3% • 석탄산보다 2배 정도 높은 소독력 • 냄새가 강함 • 오물, 손 등
	과산화수소	• 3% • 피부나 입안 등
	승홍	• 0.1% • 부식성이 있음 • 손, 피부 소독
	에틸알코올	• 70% • 유리나 금속기구, 손, 피부 등

구분		내용
화학적 방법	머큐로크롬	• 3% • 점막, 피부, 입안 등
	생석회	• 값이 저렴하나 공기 노출 시 살균력 저하 • 오물, 하수도, 쓰레기통 등
	포름알데하이드	• 1~1.5% • 나무, 건물 내 소독

7. 냉각, 냉장, 냉동법

1) 냉각

- 가열조리된 음식의 온도 저하
- 식품의 크기가 작을수록, 얇을수록, 열전도율이 높은 도구 사용 시 냉각 촉진

2) 냉장

- 평균 0~10℃의 저온에서 식품을 일정시간 신선한 상태로 보관하거나 관리
- 주로 채소나 과일류의 보존에 이용

3) 냉동

- 미생물의 번식 억제, 식품의 효소작용 및 산화 억제를 통한 품질 저하 방지
- −8℃ 이하에서 급속 동결 후 포장
- 미생물의 성장과 증식 억제, 식품의 효소반응 속도 저하, 화학적 변화 억제로 식품을 장기적 저장
- 완만동결 시 급속동결보다 큰 얼음결정 형성, 조직 손상이나 단백질 변성 등 품질 저하 가능
- 채소(데친 후 동결), 냉동식품(밀폐하여 저장), 냉동날짜와 식품명 표시, 재냉동 금지

8. 건조법

수분 15% 이하에서는 미생물 번식 방해 원리 이용

일광건조	• 농산물 및 해산물 • 단점 : 품질저하, 많은 면적 필요
고온건조	• 90℃ 이상에서 건조
열풍건조	• 가열한 공기를 식품 표면에 쏘아 수분 증발 • 장점 : 공간이 적어도 가능, 시간 단축 • 단점 : 설비비용이 높음
배건법	• 직접 불에 가열하여 건조
동결건조	• 진공상태에서 냉동시킨 후 건조 • 당면 등
분무건조	• 건조실에서 액체를 분무하여 건조 • 분유
감압건조	• 감압, 저온에서 건조 • 건채소, 건과일

④ 「식품위생법」 관련 법규 및 규정

1. 식품위생의 정의

① **세계보건기구(WHO)의 정의** : 식품의 생육, 생산, 제조에서부터 최종적으로 소비자에게 섭취되기까지의 전 과정에 걸친 식품의 안정성, 보존성, 악화 방지를 위한 모든 수단

② **우리나라의 정의** : 식품위생이란 식품, 첨가물, 기구 또는 용기, 포장을 대상으로 하는 음식에 관한 위생을 말함. '식품'이란 의약으로 섭취하는 것을 제외한 모든 음식물

2. 식품위생의 목적

① 식품으로 인한 위생상의 위해 방지

② 식품에 대한 올바른 정보 제공

③ 식품 영양상의 질적 향상을 도모

④ 국민 보건의 향상과 증진에 이바지

3. 식품위생법 [시행 2022. 6. 10.] [법률 제18967호, 2022. 6. 10., 일부개정]

제1장 총칙

제1조(목적) 이 법은 식품으로 인하여 생기는 위생상의 위해(危害)를 방지하고 식품영양의 질적 향상을 도모하며 식품에 관한 올바른 정보를 제공함으로써 국민 건강의 보호 · 증진에 이바지함을 목적으로 한다.

제2조(정의) 이 법에서 사용하는 용어의 뜻은 다음과 같다.

1. "식품"이란 모든 음식물(의약으로 섭취하는 것은 제외한다)을 말한다.
2. "식품첨가물"이란 식품을 제조 · 가공 · 조리 또는 보존하는 과정에서 감미(甘味), 착색(着色), 표백(漂白) 또는 산화방지 등을 목적으로 식품에 사용되는 물질을 말한다. 이 경우 기구(器具) · 용기 · 포장을 살균 · 소독하는 데에 사용되어 간접적으로 식품으로 옮아갈 수 있는 물질을 포함한다.
3. "화학적 합성품"이란 화학적 수단으로 원소(元素) 또는 화합물에 분해 반응 외의 화학 반응을 일으켜서 얻은 물질을 말한다.
4. "기구"란 다음 각 목의 어느 하나에 해당하는 것으로서 식품 또는 식품첨가물에 직접 닿는 기계 · 기구나 그 밖의 물건(농업과 수산업에서 식품을 채취하는 데에 쓰는 기계 · 기구나 그 밖의 물건 및 「위생용품 관리법」 제2조제1호에 따른 위생용품은 제외한다)을 말한다.
   가. 음식을 먹을 때 사용하거나 담는 것
   나. 식품 또는 식품첨가물을 채취 · 제조 · 가공 · 조리 · 저장 · 소분[(小分): 완제품을 나누어 유통을 목적으로 재포장하는 것을 말한다. 이하 같다] · 운반 · 진열할 때 사용하는 것
5. "용기 · 포장"이란 식품 또는 식품첨가물을 넣거나 싸는 것으로서 식품 또는 식품첨가물을 주고받을 때 함께 건네는 물품을 말한다.

5의2. "공유주방"이란 식품의 제조 · 가공 · 조리 · 저장 · 소분 · 운반에 필요한 시설 또는 기계 · 기구 등을 여러 영업자가 함께 사용하거나, 동일한 영업자가 여러 종류의 영업

에 사용할 수 있는 시설 또는 기계 · 기구 등이 갖춰진 장소를 말한다.

6. "위해"란 식품, 식품첨가물, 기구 또는 용기 · 포장에 존재하는 위험요소로서 인체의 건강을 해치거나 해칠 우려가 있는 것을 말한다.

9. "영업"이란 식품 또는 식품첨가물을 채취 · 제조 · 가공 · 조리 · 저장 · 소분 · 운반 또는 판매하거나 기구 또는 용기 · 포장을 제조 · 운반 · 판매하는 업(농업과 수산업에 속하는 식품 채취업은 제외한다. 이하 이 호에서 "식품제조업등"이라 한다)을 말한다. 이 경우 공유주방을 운영하는 업과 공유주방에서 식품제조업등을 영위하는 업을 포함한다.

10. "영업자"란 제37조제1항에 따라 영업허가를 받은 자나 같은 조 제4항에 따라 영업신고를 한 자 또는 같은 조 제5항에 따라 영업등록을 한 자를 말한다.

11. "식품위생"이란 식품, 식품첨가물, 기구 또는 용기 · 포장을 대상으로 하는 음식에 관한 위생을 말한다.

12. "집단급식소"란 영리를 목적으로 하지 아니하면서 특정 다수인에게 계속하여 음식물을 공급하는 다음 각 목의 어느 하나에 해당하는 곳의 급식시설로서 대통령령으로 정하는 시설을 말한다.
    가. 기숙사
    나. 학교, 유치원, 어린이집
    다. 병원
    라. 「사회복지사업법」 제2조제4호의 사회복지시설
    마. 산업체
    바. 국가, 지방자치단체 및 「공공기관의 운영에 관한 법률」 제4조제1항에 따른 공공기관
    사. 그 밖의 후생기관 등

13. "식품이력추적관리"란 식품을 제조 · 가공단계부터 판매단계까지 각 단계별로 정보를 기록 · 관리하여 그 식품의 안전성 등에 문제가 발생할 경우 그 식품을 추적하여 원인을 규명하고 필요한 조치를 할 수 있도록 관리하는 것을 말한다.

14. "식중독"이란 식품 섭취로 인하여 인체에 유해한 미생물 또는 유독물질에 의하여 발생하였거나 발생한 것으로 판단되는 감염성 질환 또는 독소형 질환을 말한다.

15. "집단급식소에서의 식단"이란 급식대상 집단의 영양섭취기준에 따라 음식명, 식재료, 영양성분, 조리방법, 조리인력 등을 고려하여 작성한 급식계획서를 말한다.

제2장 식품과 식품첨가물

제4조(위해식품등의 판매 등 금지) 누구든지 다음 각 호의 어느 하나에 해당하는 식품등을 판매하거나 판매할 목적으로 채취 · 제조 · 수입 · 가공 · 사용 · 조리 · 저장 · 소분 · 운반 또는 진열하여서는 아니 된다.

1. 썩거나 상하거나 설익어서 인체의 건강을 해칠 우려가 있는 것
2. 유독 · 유해물질이 들어 있거나 묻어 있는 것 또는 그러할 염려가 있는 것. 다만, 식품의약품안전처장이 인체의 건강을 해칠 우려가 없다고 인정하는 것은 제외한다.
3. 병(病)을 일으키는 미생물에 오염되었거나 그러할 염려가 있어 인체의 건강을 해칠 우려가 있는 것
4. 불결하거나 다른 물질이 섞이거나 첨가(添加)된 것 또는 그 밖의 사유로 인체의 건강을 해칠 우려가 있는 것
5. 제18조에 따른 안전성 심사 대상인 농 · 축 · 수산물 등 가운데 안전성 심사를 받지 아니하였거나 안전성 심사에서 식용(食用)으로 부적합하다고 인정된 것
6. 수입이 금지된 것 또는 「수입식품안전관리 특별법」 제20조제1항에 따른 수입신고를 하지 아니하고 수입한 것
7. 영업자가 아닌 자가 제조 · 가공 · 소분한 것

제5조(병든 동물 고기 등의 판매 등 금지) 누구든지 총리령으로 정하는 질병에 걸렸거나 걸렸을 염려가 있는 동물이나 그 질병에 걸려 죽은 동물의 고기 · 뼈 · 젖 · 장기 또는 혈액을 식품으로 판매하거나 판매할 목적으로 채취 · 수입 · 가공 · 사용 · 조리 · 저장 · 소분 또는 운반하거나 진열하여서는 아니 된다.

제6조(기준 · 규격이 정하여지지 아니한 화학적 합성품 등의 판매 등 금지) 누구든지 다음 각 호의 어느 하나에 해당하는 행위를 하여서는 아니 된다. 다만, 식품의약품안전처장이 제57조에 따른 식품위생심의위원회(이하 "심의위원회"라 한다)의 심의를 거쳐 인체의 건강을 해칠 우려가 없다고 인정하는 경우에는 그러하지 아니하다.

1. 제7조제1항 및 제2항에 따라 기준 · 규격이 정하여지지 아니한 화학적 합성품인 첨가물과 이를 함유한 물질을 식품첨가물로 사용하는 행위
2. 제1호에 따른 식품첨가물이 함유된 식품을 판매하거나 판매할 목적으로 제조 · 수입 · 가공 · 사용 · 조리 · 저장 · 소분 · 운반 또는 진열하는 행위

제3장 기구와 용기 · 포장

제8조(유독기구 등의 판매 · 사용 금지) 유독 · 유해물질이 들어 있거나 묻어 있어 인체의 건강을 해칠 우려가 있는 기구 및 용기 · 포장과 식품 또는 식품첨가물에 직접 닿으면 해로운 영향을 끼쳐 인체의 건강을 해칠 우려가 있는 기구 및 용기 · 포장을 판매하거나 판매할 목적으로 제조 · 수입 · 저장 · 운반 · 진열하거나 영업에 사용하여서는 아니 된다.

제4장 표시

제12조의2(유전자변형식품등의 표시) ① 다음 각 호의 어느 하나에 해당하는 생명공학기술을 활용하여 재배 · 육성된 농산물 · 축산물 · 수산물 등을 원재료로 하여 제조 · 가공한 식품 또는 식품첨가물(이하 "유전자변형식품등"이라 한다)은 유전자변형식품임을 표시하여야 한다. 다만, 제조 · 가공 후에 유전자변형 디엔에이(DNA, Deoxyribonucleic acid) 또는 유전자변형 단백질이 남아 있는 유전자변형식품등에 한정한다.

1. 인위적으로 유전자를 재조합하거나 유전자를 구성하는 핵산을 세포 또는 세포 내 소기관으로 직접 주입하는 기술
2. 분류학에 따른 과(科)의 범위를 넘는 세포융합기술

② 제1항에 따라 표시하여야 하는 유전자변형식품등은 표시가 없으면 판매하거나 판매할 목적으로 수입 · 진열 · 운반하거나 영업에 사용하여서는 아니 된다.

③ 제1항에 따른 표시의무자, 표시대상 및 표시방법 등에 필요한 사항은 식품의약품안전처장이 정한다.

제6장 검사 등

제15조(위해평가) ① 식품의약품안전처장은 국내외에서 유해물질이 함유된 것으로 알려지는 등 위해의 우려가 제기되는 식품등이 제4조 또는 제8조에 따른 식품등에 해당한다고 의심되는 경우에는 그 식품등의 위해요소를 신속히 평가하여 그것이 위해식품등인지를 결정하여야 한다.

② 식품의약품안전처장은 제1항에 따른 위해평가가 끝나기 전까지 국민건강을 위하여 예방조치가 필요한 식품등에 대하여는 판매하거나 판매할 목적으로 채취 · 제조 · 수입 · 가공 · 사용 · 조리 · 저장 · 소분 · 운반 또는 진열하는 것을 일시적으로 금지할 수 있다. 다만, 국민건강에 급박한 위해가 발생하였거나 발생할 우려가 있다고 식품의약품안전처장

이 인정하는 경우에는 그 금지조치를 하여야 한다.
③ 식품의약품안전처장은 제2항에 따른 일시적 금지조치를 하려면 미리 심의위원회의 심의 · 의결을 거쳐야 한다. 다만, 국민건강을 급박하게 위해할 우려가 있어서 신속히 금지조치를 하여야 할 필요가 있는 경우에는 먼저 일시적 금지조치를 한 뒤 지체 없이 심의위원회의 심의 · 의결을 거칠 수 있다.
④ 심의위원회는 제3항 본문 및 단서에 따라 심의하는 경우 대통령령으로 정하는 이해관계인의 의견을 들어야 한다.
⑤ 식품의약품안전처장은 제1항에 따른 위해평가나 제3항 단서에 따른 사후 심의위원회의 심의 · 의결에서 위해가 없다고 인정된 식품등에 대하여는 지체 없이 제2항에 따른 일시적 금지조치를 해제하여야 한다.
⑥ 제1항에 따른 위해평가의 대상, 방법 및 절차, 그 밖에 필요한 사항은 대통령령으로 정한다.

제19조의4(검사명령 등) ① 식품의약품안전처장은 다음 각 호의 어느 하나에 해당하는 식품등을 채취 · 제조 · 가공 · 사용 · 조리 · 저장 · 소분 · 운반 또는 진열하는 영업자에 대하여 「식품 · 의약품분야 시험 · 검사 등에 관한 법률」 제6조제3항제1호에 따른 식품전문 시험 · 검사기관 또는 같은 법 제8조에 따른 국외시험 · 검사기관에서 검사를 받을 것을 명(이하 "검사명령"이라 한다)할 수 있다. 다만, 검사로써 위해성분을 확인할 수 없다고 식품의약품안전처장이 인정하는 경우에는 관계 자료 등으로 갈음할 수 있다.

제22조(출입 · 검사 · 수거 등) ① 식품의약품안전처장(대통령령으로 정하는 그 소속 기관의 장을 포함한다. 이하 이 조에서 같다), 시 · 도지사 또는 시장 · 군수 · 구청장은 식품등의 위해방지 · 위생관리와 영업질서의 유지를 위하여 필요하면 다음 각 호의 구분에 따른 조치를 할 수 있다.
1. 영업자나 그 밖의 관계인에게 필요한 서류나 그 밖의 자료의 제출 요구
2. 관계 공무원으로 하여금 다음 각 목에 해당하는 출입 · 검사 · 수거 등의 조치
   가. 영업소(사무소, 창고, 제조소, 저장소, 판매소, 그 밖에 이와 유사한 장소를 포함한다)에 출입하여 판매를 목적으로 하거나 영업에 사용하는 식품등 또는 영업시설 등에 대하여 하는 검사
   나. 가목에 따른 검사에 필요한 최소량의 식품등의 무상 수거

다. 영업에 관계되는 장부 또는 서류의 열람

② 식품의약품안전처장은 시 · 도지사 또는 시장 · 군수 · 구청장이 제1항에 따른 출입 · 검사 · 수거 등의 업무를 수행하면서 식품등으로 인하여 발생하는 위생 관련 위해방지 업무를 효율적으로 하기 위하여 필요한 경우에는 관계 행정기관의 장, 다른 시 · 도지사 또는 시장 · 군수 · 구청장에게 행정응원(行政應援)을 하도록 요청할 수 있다. 이 경우 행정응원을 요청받은 관계 행정기관의 장, 시 · 도지사 또는 시장 · 군수 · 구청장은 특별한 사유가 없으면 이에 따라야 한다.

③ 제1항 및 제2항의 경우에 출입 · 검사 · 수거 또는 열람하려는 공무원은 그 권한을 표시하는 증표 및 조사기간, 조사범위, 조사담당자, 관계 법령 등 대통령령으로 정하는 사항이 기재된 서류를 지니고 이를 관계인에게 내보여야 한다.

④ 제2항에 따른 행정응원의 절차, 비용 부담 방법, 그 밖에 필요한 사항은 대통령령으로 정한다.

제7장 영업

第36條(시설기준) ① 다음의 영업을 하려는 자는 총리령으로 정하는 시설기준에 맞는 시설을 갖추어야 한다.

1. 식품 또는 식품첨가물의 제조업, 가공업, 운반업, 판매업 및 보존업
2. 기구 또는 용기 · 포장의 제조업
3. 식품접객업
4. 공유주방 운영업(제2조제5호의2에 따라 여러 영업자가 함께 사용하는 공유주방을 운영하는 경우로 한정한다. 이하 같다)

② 제1항에 따른 시설은 영업을 하려는 자별로 구분되어야 한다. 다만, 공유주방을 운영하는 경우에는 그러하지 아니하다.

③ 제1항 각 호에 따른 영업의 세부 종류와 그 범위는 대통령령으로 정한다.

제8장 조리사 등 〈개정 2010. 3. 26.〉

第51條(조리사) ① 집단급식소 운영자와 대통령령으로 정하는 식품접객업자는 조리사(調理士)를 두어야 한다. 다만, 다음 각 호의 어느 하나에 해당하는 경우에는 조리사를 두지 아니하여도 된다.

1. 집단급식소 운영자 또는 식품접객영업자 자신이 조리사로서 직접 음식물을 조리하는 경우
2. 1회 급식인원 100명 미만의 산업체인 경우
3. 제52조제1항에 따른 영양사가 조리사의 면허를 받은 경우
② 집단급식소에 근무하는 조리사는 다음 각 호의 직무를 수행한다.
1. 집단급식소에서의 식단에 따른 조리업무[식재료의 전(前)처리에서부터 조리, 배식 등의 전 과정을 말한다]
2. 구매식품의 검수 지원
3. 급식설비 및 기구의 위생 · 안전 실무
4. 그 밖에 조리실무에 관한 사항

제52조(영양사) ① 집단급식소 운영자는 영양사(營養士)를 두어야 한다. 다만, 다음 각 호의 어느 하나에 해당하는 경우에는 영양사를 두지 아니하여도 된다.
1. 집단급식소 운영자 자신이 영양사로서 직접 영양 지도를 하는 경우
2. 1회 급식인원 100명 미만의 산업체인 경우
3. 제51조제1항에 따른 조리사가 영양사의 면허를 받은 경우
② 집단급식소에 근무하는 영양사는 다음 각 호의 직무를 수행한다.
1. 집단급식소에서의 식단 작성, 검식(檢食) 및 배식관리
2. 구매식품의 검수(檢受) 및 관리
3. 급식시설의 위생적 관리
4. 집단급식소의 운영일지 작성
5. 종업원에 대한 영양 지도 및 식품위생교육

제53조(조리사의 면허) ① 조리사가 되려는 자는 「국가기술자격법」에 따라 해당 기능분야의 자격을 얻은 후 특별자치시장 · 특별자치도지사 · 시장 · 군수 · 구청장의 면허를 받아야 한다.
② 제1항에 따른 조리사의 면허 등에 관하여 필요한 사항은 총리령으로 정한다.

제54조(결격사유) 다음 각 호의 어느 하나에 해당하는 자는 조리사 면허를 받을 수 없다.
1. 「정신건강증진 및 정신질환자 복지서비스 지원에 관한 법률」 제3조제1호에 따른 정신

질환자. 다만, 전문의가 조리사로서 적합하다고 인정하는 자는 그러하지 아니하다.

2. 「감염병의 예방 및 관리에 관한 법률」 제2조제13호에 따른 감염병환자. 다만, 같은 조 제4호나목에 따른 B형간염환자는 제외한다.
3. 「마약류관리에 관한 법률」 제2조제2호에 따른 마약이나 그 밖의 약물 중독자
4. 조리사 면허의 취소처분을 받고 그 취소된 날부터 1년이 지나지 아니한 자

제55조(명칭 사용 금지) 조리사가 아니면 조리사라는 명칭을 사용하지 못한다.

제12장 보칙

제86조(식중독에 관한 조사 보고) ① 다음 각 호의 어느 하나에 해당하는 자는 지체 없이 관할 특별자치시장 · 시장(「제주특별자치도 설치 및 국제자유도시 조성을 위한 특별법」에 따른 행정시장을 포함한다. 이하 이 조에서 같다) · 군수 · 구청장에게 보고하여야 한다. 이 경우 의사나 한의사는 대통령령으로 정하는 바에 따라 식중독 환자나 식중독이 의심되는 자의 혈액 또는 배설물을 보관하는 데에 필요한 조치를 하여야 한다.

1. 식중독 환자나 식중독이 의심되는 자를 진단하였거나 그 사체를 검안(檢案)한 의사 또는 한의사
2. 집단급식소에서 제공한 식품등으로 인하여 식중독 환자나 식중독으로 의심되는 증세를 보이는 자를 발견한 집단급식소의 설치 · 운영자

② 특별자치시장 · 시장 · 군수 · 구청장은 제1항에 따른 보고를 받은 때에는 지체 없이 그 사실을 식품의약품안전처장 및 시 · 도지사(특별자치시장은 제외한다)에게 보고하고, 대통령령으로 정하는 바에 따라 원인을 조사하여 그 결과를 보고하여야 한다.

③ 식품의약품안전처장은 제2항에 따른 보고의 내용이 국민 건강상 중대하다고 인정하는 경우에는 해당 시 · 도지사 또는 시장 · 군수 · 구청장과 합동으로 원인을 조사할 수 있다.

④ 식품의약품안전처장은 식중독 발생의 원인을 규명하기 위하여 식중독 의심환자가 발생한 원인시설 등에 대한 조사절차와 시험 · 검사 등에 필요한 사항을 정할 수 있다.

제88조(집단급식소) ① 집단급식소를 설치 · 운영하려는 자는 총리령으로 정하는 바에 따라 특별자치시장 · 특별자치도지사 · 시장 · 군수 · 구청장에게 신고하여야 한다. 신고한 사항 중 총리령으로 정하는 사항을 변경하려는 경우에도 또한 같다.

② 집단급식소를 설치 · 운영하는 자는 집단급식소 시설의 유지 · 관리 등 급식을 위생적

으로 관리하기 위하여 다음 각 호의 사항을 지켜야 한다.

1. 식중독 환자가 발생하지 아니하도록 위생관리를 철저히 할 것
2. 조리 · 제공한 식품의 매회 1인분 분량을 총리령으로 정하는 바에 따라 144시간 이상 보관할 것
3. 영양사를 두고 있는 경우 그 업무를 방해하지 아니할 것
4. 영양사를 두고 있는 경우 영양사가 집단급식소의 위생관리를 위하여 요청하는 사항에 대하여는 정당한 사유가 없으면 따를 것
5. 「축산물 위생관리법」 제12조에 따라 검사를 받지 아니한 축산물 또는 실험 등의 용도로 사용한 동물을 음식물의 조리에 사용하지 말 것
6. 「야생생물 보호 및 관리에 관한 법률」을 위반하여 포획 · 채취한 야생생물을 음식물의 조리에 사용하지 말 것
7. 유통기한이 경과한 원재료 또는 완제품을 조리할 목적으로 보관하거나 이를 음식물의 조리에 사용하지 말 것
8. 수돗물이 아닌 지하수 등을 먹는 물 또는 식품의 조리 · 세척 등에 사용하는 경우에는 「먹는물관리법」 제43조에 따른 먹는물 수질검사기관에서 총리령으로 정하는 바에 따라 검사를 받아 마시기에 적합하다고 인정된 물을 사용할 것. 다만, 둘 이상의 업소가 같은 건물에서 같은 수원(水源)을 사용하는 경우에는 하나의 업소에 대한 시험결과로 나머지 업소에 대한 검사를 갈음할 수 있다.
9. 제15조제2항에 따라 위해평가가 완료되기 전까지 일시적으로 금지된 식품등을 사용 · 조리하지 말 것
10. 식중독 발생 시 보관 또는 사용 중인 식품은 역학조사가 완료될 때까지 폐기하거나 소독 등으로 현장을 훼손하여서는 아니 되고 원상태로 보존하여야 하며, 식중독 원인규명을 위한 행위를 방해하지 말 것
11. 그 밖에 식품등의 위생적 관리를 위하여 필요하다고 총리령으로 정하는 사항을 지킬 것

제13장 벌칙

제93조(벌칙) ① 다음 각 호의 어느 하나에 해당하는 질병에 걸린 동물을 사용하여 판매할 목적으로 식품 또는 식품첨가물을 제조 · 가공 · 수입 또는 조리한 자는 3년 이상의 징역에 처한다.

1. 소해면상뇌증(狂牛病)
2. 탄저병
3. 가금 인플루엔자

② 다음 각 호의 어느 하나에 해당하는 원료 또는 성분 등을 사용하여 판매할 목적으로 식품 또는 식품첨가물을 제조 · 가공 · 수입 또는 조리한 자는 1년 이상의 징역에 처한다.

1. 마황(麻黃)
2. 부자(附子)
3. 천오(川烏)
4. 초오(草烏)
5. 백부자(白附子)
6. 섬수(蟾수)
7. 백선피(白鮮皮)
8. 사리풀

1. 500만원 이하의 과태료

① – 식품 등의 깨끗하고 위생적인 취급을 위반한 자
 – 영업자 및 종업원의 건강진단 실시를 위반한 자
 – 식품위생교육 실시를 위반한 자
 – 식중독에 관한 조사보고를 위반한 자

② 위해우려 검사명령을 위반하여 검사기한 내에 검사를 받지 아니하거나 자료 등을 제출하지 아니한 영업자

③ 식품 또는 식품첨가물을 제조 · 가공 사실보고를 위반하여 보고를 하지 아니하거나 허위의 보고를 한 자

④ 실적보고를 위반하여 보고를 하지 아니하거나 허위의 보고를 한 자

⑤ 식품안전관리인증기준적용업소라는 명칭을 거짓사용한 자

⑥ 조리사와 영양사의 교육을 위반하여 교육을 받지 아니한 자
⑦ 시설 개수명령에 따른 명령에 위반한 자
⑧ 집단급식소를 설치 · 운영 신고를 위반하여 신고를 하지 아니하거나 허위의 신고를 한 자
⑨ 집단급식소를 설치 · 운영하는 자가 위생관리를 위해 지켜야 할 사항을 위반한 자

2. 1년 이하의 징역 또는 1천만원 이하의 벌금

① 청소년보호법에 따른 청소년 고용금지업소에 청소년을 고용하는 행위를 위반하여 접객행위를 하거나 다른 사람에게 그 행위를 알선한 자
② 소비자로부터 이물발견의 신고를 접수하고 이를 거짓으로 보고한 자
③ 이물의 발견을 거짓으로 신고한 자
④ 위해식품등의 회수 및 회수계획을 위반하여 보고를 하지 아니하거나 거짓으로 보고한 자

3. 3년 이하의 징역 또는 3천만원 이하의 벌금

① – 유전자변형식품 등의 표시를 위반한 자
– 위해식품 등에 대한 긴급대응을 위반한 자
– 자가품질검사 및 보고의무를 위반한 자
– 영업허가 및 신고 등을 위반한 자
– 영업승계 및 신고 등을 위반한 자
– 식품안전관리인증기준 및 위탁 제조 · 가공 금지를 위반한 자
– 영유아식 제조 · 가공업자, 일정 매출액 · 매장면적 이상의 식품판매업자 등 총리령으로 정하는 자가 식품의약품안전처장에게 등록하지 않은 경우
– 조리사가 아니면서 조리사라는 명칭을 사용한 자
② 출입 · 검사 · 수거 등 또는 폐기처분 등에 따른 검사 · 출입 · 수거 · 압류 · 폐기를 거부 · 방해 또는 기피한 자
③ 시설기준에 따른 시설기준을 갖추지 못한 영업자
④ 영업허가에 붙는 조건에 따른 조건을 갖추지 못한 영업자

⑤ 영업자 등의 준수사항에 따라 영업자가 지켜야 할 사항을 지키지 아니한 자. 다만, 총리령으로 정하는 경미한 사항을 위반한 자는 제외
⑥ 허가취소 등에 다른 영업정지 명령을 위반하여 계속 영업한 자 또는 영업소 폐쇄명령을 위반하여 영업을 계속한 자
⑦ 품목 제조정지 등에 따른 제조정지 명령을 위반한 자
⑧ 폐쇄조치 등에 따라 관계 공무원이 부착한 봉인 또는 게시문 등을 함부로 제거하거나 손상시킨 자

4. 5년 이하의 징역 또는 5천만원 이하의 벌금

① 그 기준과 규격에 맞지 아니하는 식품 또는 식품첨가물은 판매하거나 판매할 목적으로 제조 · 수입 · 가공 · 사용 · 조리 · 저장 · 소분 · 운반 · 보존 또는 진열하여서는 안되는 규정을 위반한 자 또는 기준과 규격에 맞지 아니한 기구 및 용기 · 포장을 판매하거나 판매할 목적으로 제조 · 수입 · 저장 · 운반 · 진열하거나 영업에 사용하여서는 안되는 규정을 위반한 자
② 영업을 하려는 자는 영업 종류별 또는 영업소별로 식품의약품안전처장 또는 특별자치시장 · 특별자치도지사 · 시장 · 군수 · 구청장에게 등록하여야 하며, 등록한 사항 중 대통령령으로 정하는 중요한 사항을 변경할 때에도 또한 같게 하여야 함을 위반한 자
③ 식품등이 위해와 관련한 조항들을 위반한 사실을 알게 된 경우에는 지체없이 유통 중인 해당 식품 등을 회수하거나 회수하는 데에 필요한 조치를 하여야 함을 위반한 자
④ 폐기처분 등 또는 위해식품 등의 공표에 따른 명령을 위반한 자
⑤ 영업정지 명령을 위반하여 영업을 계속한 자

5. 10년 이하의 징역 또는 1억원 이하의 벌금 또는 병과

① 위해식품 등의 판매 등 금지를 위반한 자
- 썩거나 상하거나 설익어서 인체의 건강을 해칠 우려가 있는 것
- 병을 일으키는 미생물에 오염되었거나 그러할 염려가 있어 인체의 건강을 해칠 우려가 있는 것

- 유독 · 유해물질이 들어 있거나 묻어 있는 것 또는 그러할 염려가 있는 것. 다만, 식품의약품안전처장이 인체의 건강을 해칠 우려가 없다고 인정하는 것은 제외
- 불결하거나 다른 물질이 섞이거나 첨가된 것 또는 그 밖의 사유로 인체의 건강을 해칠 우려가 있는 것
- 안전성 심사대상인 농 · 축 · 수산물 등 가운데 안전성 심사를 받지 아니하였거나 안전성 심사에서 식용으로 부적합하다고 인정된 것
- 수입이 금지된 것 또는 수입식품안전관리 특별법 제20조 제1항에 따른 수입신고를 하지 아니하고 수입한 것
- 영업자가 아닌 자가 제조 · 가공 · 소분한 것

② 병든 동물 고기 등의 판매 등 금지를 위반한 자
- 누구든지 총리령으로 정하는 질병에 걸렸거나 걸렸을 염려가 있는 동물이나 그 질병에 걸려 죽은 동물의 고기 · 뼈 · 젖 · 장기 또는 혈액을 식품으로 판매하고자 판매할 목적으로 채취 · 수입 · 가공 · 사용 · 조리 · 저장 · 소분 또는 운반하거나 진열한 자

③ 기준 · 규격이 정하여지지 아니한 화학적 합성품 등의 판매 등 금지를 위반한 자
- 누구든지 기준 · 규격이 정하여지지 아니한 화학적 합성품인 첨가물과 이를 함유한 물질을 식품첨가물로 사용하는 행위 또는 식품첨가물이 함유된 식품을 판매하거나 판매할 목적으로 제조 · 수입 · 가공 · 사용 · 조리 · 저장 · 소분 · 운반 또는 진열하는 행위를 한 자. 다만, 식품의약품안전처장이 심의위원회를 거쳐 인체의 건강을 해칠 우려가 없다고 인정하는 경우는 제외

④ 유독기구 등의 판매 · 사용금지를 위반한 자
- 유독 · 유해물질이 들어 있거나 묻어 있어 인체의 건강을 해칠 우려가 있는 기구 및 용기 · 포장과 식품 또는 식품첨가물에 직접 닿으면 해로운 영향을 끼쳐 인체의 건강을 해칠 우려가 있는 기구 및 용기 · 포장을 판매하거나 판매할 목적으로 제조 · 수입 · 저장 · 운반 · 진열하거나 영업에 사용하는 자

⑤ 영업을 하려는 자는 영업 종류별 또는 영업소별로 식품의약품안전처장 또는 특별자치시장 · 특별자치도지사 · 시장 · 군수 · 구청장의 허가를 받아야 하는 규정을 위반한 자

제2절 작업환경 위생관리

❶ 공정별 위해요소 관리 및 예방(HACCP)

1. 위해요소 중점관리 기준(Hazard Analysis Critical Contol Point, HACCP)

식품 원재료의 생산부터 소비자가 최종 소비할 때까지 모든 단계에서 발생할 수 있는 위해요소를 분석 · 평가하고, 이에 대한 방지 · 대책을 마련하여 계획적으로 감시 · 관리함으로써 식품의 안전성과 건전성을 확보하기 위한 위생관리체계이다.

2. 위해요소(HA)

① **화학적 위해요소** : 중금속과 잔류농약, 사용이 금지된 식품첨가물 등
② **생물학적 위해요소** : 대장균, 식중독균, 바이러스, 기생충 등
③ **물리적 위해요소** : 인체를 손상시킬 수 있는 금속, 유리, 돌 등

3. 중점관리기준(CCP)

① 위해요소를 방지하거나 제거하여 안전성을 확보할 수 있는 단계나 절차
② 장소, 위해요소 조치 방법 및 공정을 의미

4. 위해요소 중점관리 기준(HACCP) 7원칙 12단계

1) 준비단계(5단계)

① **HACCP 팀 구성** : HACCP 팀장, 팀원, 위원회, CCP 모니터링 담당자, 해당공정 현장 종사자
② **제품설명서 작성** : 해당 제품의 안전성 관련 특성을 알리기 위해 작성

③ **사용 용도 확인** : 해당 식품의 의도된 사용방법 및 대상 소비자 파악

④ **공정흐름도 작성** : 원료의 입고에서 완제품 출하까지 모든 공정단계를 파악하여 공정흐름도를 작성하고 각 공정별 주요 가공조건의 개요를 기재

⑤ **공정흐름도 현장 확인** : 작성한 공정흐름도가 실제 현장에서의 작업공정과 일치하는지 검증

2) 본 단계(7단계 · 7원칙)

① **모든 잠재적 위해요소(HA) 분석** : 위해가 발생하는 단계 파악

② **중점관리점(CCP)의 결정** : 식품의 위해요소를 미연에 방지하거나 일정한 허용기준 이하로 줄여서 식품의 안전성을 확보할 수 있는 단계나 공정

③ **한계기준(CL, critical limit) 설정** : 예방책을 실행하기 위한 한계관리기준을 설정

④ **중점관리점(CCP) 모니터링** : 모니터링 체계 확립 및 방법 설정

⑤ **개선조치(CA ; corrective action)** : 설정된 관리기준을 벗어났을 경우 개선조치 설정

⑥ **검증절차 및 방법 수립** : 안전하게 운영되고 있는지 검증 및 확인

⑦ **문서화 및 기록유지** : 모든 단계에 대한 문서화 방법이 포함되어야 하고 기록절차를 수립하며 기록은 최소 2년간 보관

5. HACCP 도입 효과

① 체계적이고 자주적인 위생관리 시스템의 구축

② 위생적인 식품 생산

③ 문제 발생 시 빠른 조치와 대처 가능

④ 비숙련자의 제품 안전성 관리 가능

⑤ 경제적 이익 창출

⑥ 효율성 도모

⑦ 회사의 이미지 제고 및 제품에 대한 신뢰도 향상

⑧ **우대조치(기준 제14조 관련)** : 「식품위생법」 제17조제1항에 의한 출입 · 검사 · 수거 등이 HACCP 적용 지정업소에 대해 완화

❷ 시설 · 설비 및 작업환경 위생관리

① 바닥, 내벽, 문 및 창문 등의 내수처리와 파손, 구멍 등이 없이 밀폐
② 출입구와 창문 등에 적절한 방충, 방서시설 및 정기적인 청소
③ 천장 단열제 사용 및 배관덮개 설치
④ 수증기 및 냄새 환기를 위한 환기시설 설치 및 작업장 내의 적정온도(20℃) 유지
⑤ 적절한 습도(40~60%) 및 조명(220럭스. lux) 이상 유지
⑥ 작업장은 교차오염 방지를 위해 일반작업구역과 청결작업구역 등으로 분리
⑦ 매일 청소하고 건조한 상태 유지 및 정기적인 소독
⑧ 식기류와 식품의 보관설비는 바닥에서 50cm 이상의 높이로 설치하며, 조리대와 조리시설은 녹슬지 않는 스테인리스로 제작

제3절 안전관리

❶ 개인안전관리

1. 주요 재해 유형

① **넘어짐** : 미끄러지거나 걸려 넘어지는 재해로 가장 흔히 일어나는 재해
② **화상** : 뜨거운 제품이 담긴 용기, 고열의 가열기구에 의한 재해
③ **감김, 끼임, 찔림, 베임, 절단** : 조리기구 취급, 청소하는 과정에서 발생하는 재해
④ **근골격계 질환** : 운반, 반복적인 작업, 신체에 무리를 주는 작업 자세 등으로 발생하는 재해
⑤ **낙하** : 재료나 도구 등이 낙하하여 신체에 충격을 가하는 재해
⑥ **충돌** : 기계 · 기구 등에 부딪혀 당하는 재해
⑦ **추락** : 주로 덤웨이터에서 추락하는 재해

2. 개인 안전사고 예방 및 조치

1) 재해 발생의 원인

① 부적합한 지식
② 부적절한 태도의 습관
③ 불안전한 행동
④ 불충분한 기술
⑤ 위험한 환경

2) 개인의 불안전한 행동 조사

구분	세부 내용
기계기구 잘못 사용	기계기구의 잘못 사용
	필요기구 미사용
	미비된 기구의 사용
운전 중인 기계장치 손실	운전 중인 기계장치의 주유, 수리, 용접 점검 및 청소
	통전 중인 전기장치의 주유, 수리 및 청소 등
	가압, 가열, 위험물과 관련되는 용기 또는 물의 수리 및 청소
불안전한 속도 조작	기계장치의 과속
	기계장치의 저속
	기타 불필요한 조작
유해·위험물 취급 부주의	화기, 가연물, 폭발물, 압력용기, 중량물 등 취급 시 안전조치 미비
불안전한 상태 방치	기계장치 등의 운전 중 방치
	기계장치 등의 불안전한 상태 방치
	적재, 청소 등 정리정돈 불량
불안전한 자세 동작	불안전한 자세(달림, 뜀, 던짐, 뛰어내림, 뛰어오름 등)
	불필요한 동작(장난, 잡담, 잔소리, 싸움 등)
	무리한 힘으로 중량물 운반
감독 및 연락 불충분	감독 없음
	작업지시 불철저
	경보 오인
	연락 미비

3. 개인 안전점검

1) 개인 안전관리 점검표

구분		점검 내용
인간 (Man)	심리적 원인	망각, 걱정거리, 무의식 행동, 위험감각, 지름길반응, 생략행위, 억측판단, 착오 등
	생리적 원인	피로, 수면부족, 신체기능, 알코올, 질병, 나이 먹는 것 등
	직장적 원인	직장의 인간관계, 리더십, 팀워크, 커뮤니케이션 등
기계 (Machine)		기계·설비의 설계상의 결함
		위험방호의 불량
		안전의식의 부족(인간공학적 배려에 대한 이해 부족)
		표준화의 부족
		점검정비의 부족
매체 (Media)		작업정보의 부적절
		작업자세, 작업동작의 결함
		작업방법의 부적절
		작업공간의 불량
		작업환경 조건의 불량
관리 (Management)		관리조직의 결함
		규정·매뉴얼의 불비, 불철저
		안전관리 계획의 불량
		교육·훈련 부족
		부하에 대한 지도·감독 부족
		적성배치의 불충분
		건강관리의 불량 등

2) 개인 안전점검

① 작업자의 피로도가 높은 경우 작업 시 안전에 더욱 주의하거나 충분한 휴식을 취한 후 작업을 해야 함

② 근골격계 위해요인 예방을 위한 스트레칭 필요

③ 작업 숙련도가 낮은 경우 위험에 노출되는 경우를 줄이기 위해 과정을 서두르지 않고 정확히 진행
④ 작업자의 도구 및 장비류의 정확한 사용법 숙지로 안전성을 높임
⑤ 개인 보호장구, 작업복, 미끄럼방지 신발 등을 착용
⑥ 안전사고 방지를 위한 안전예방교육 실시
⑦ 화상에 대비한 개인 보호장비 착용

❷ 도구 및 장비류의 안전관리

1. 안전장비류의 취급관리

1) 장비, 도구 유지보수 관리기준

구분	관리기준
유지관리 계획수립	• 담당시설물 유지관리를 위한 점검 및 진단팀 구성 • 안전 및 유지관리 계획서를 수립 • 점검결과 및 보수이력 등을 검토하여 이전 및 유지관리 계획서를 작성
일상점검	• 일상점검을 준비 • 점검작업은 현장조사를 실시 • 손상의 종류, 정도 등에 대해 보수가 필요한 사항을 판단하여 조사평가서를 작성
정기점검	• 점검/진단 계획서를 바탕으로 정기점검을 준비 • 자체 및 외부기관을 통해 현장조사, 외관조사를 실시 • 점검결과 보고서 작성 • 담당자가 문서 또는 시스템에 입력하여 자료보관
긴급점검	• 자연재해나 사고 등의 외부요인 발생 시 점검 여부의 판단 • 손상 예상부위를 중심으로 특별 및 긴급점검 실시 • 시설물에 발생한 손상의 종류, 정도 등에 대하여 보수가 필요한 사항을 판단하여 점검보고서를 작성
일상유지보수	• 유지보수(보수, 보강) 계획서에 근거 산출내역서 작성
정기유지보수	• 유지보수(보수, 보강) 계획서에 근거 산출내역 및 근거 작성
긴급유지보수	• 특별점검 및 긴급점검 조사평가서 검토 후 문제점 발생 시 공사 시행, 신속한 예산집행 및 공사업체 선정 후 착수 • 준공계 처리 후 실무담당자 또는 전산담당자가 문서 또는 시스템에 입력하여 자료 보관

2) 조리장비, 도구 이상 유무 점검 방법

장비명	용도	점검방법
음식절단기	각종 식재료를 필요한 형태로 얇게 썰 수 있는 장비	• 전원 차단 후 기계를 분해하여 중성세제와 미온수로 세척하였는지 확인 • 건조시킨 후 원상태로 조립하고 안전장치 작동에서 이상이 없는지 확인
튀김기	튀김요리에 이용	• 사용한 기름이 식은 후 다른 용기에 기름을 받아내고 오븐크리너로 골고루 세척했는지 확인 • 기름때가 심한 경우 온수로 깨끗이 씻어내고 마른걸레로 물기를 완전히 제거하였는지 확인 • 받아둔 기름을 다시 유조에 붓고 전원을 넣어 사용
육절기	재료를 혼합하여 갈아내는 기계	• 전원을 끄고 칼날과 회전봉을 분해하여 중성세제와 미온수로 세척하였는지 확인 • 물기 제거 후 원상태로 조립 후 전원을 넣고 사용
제빙기	얼음을 만들어내는 기계	• 전원을 차단하고 기계를 정지시킨 후 뜨거운 물로 제빙기의 내부를 구석구석 녹였는지 확인 • 중성세제로 깨끗하게 세척하였는지 확인 • 마른걸레로 깨끗하게 닦은 후 20분 정도 지난 후에 작동
식기세척기	각종 기물을 짧은 시간에 대량 세척	• 탱크의 물을 빼고 세척제를 사용하여 브러시로 깨끗하게 세척했는지 확인 • 모든 내부 표면, 배수로, 여과기, 필터를 주기적으로 세척하고 있는지 확인
그리들	철판으로 만들어진 면철로 대량으로 구울 때 사용	• 그리들 상판온도가 80℃가 되었을 때 오븐크리너를 분사하고 밤솔 브러시로 깨끗하게 닦았는지 확인 • 뜨거운 물로 오븐크리너를 완전하게 씻어내고 다시 비눗물을 사용해서 세척하고 뜨거운 물로 깨끗이 헹구어냈는지 확인 • 세척이 끝난 면철판 위에 기름칠을 하였는지 확인

2. 도구 및 장비류의 안전점검

① 작업장의 조명은 220럭스 이상으로 유지해야 함

② 도구 및 장비류의 특성에 맞는 세척, 살균법 등을 알고 청결 유지

③ 가열장비 주위에 소화기 비치

④ 가열기구 사용 전에는 작업장 환기

⑤ 기계 청소 시작 전 전원 차단

⑥ 식품과 직접 접촉하는 도구 및 장비류는 청결에 더욱 유의

⑦ 도구 및 장비류는 세척이 용이하고 내구성이 좋으며 부식에 강한 제품 사용

⑧ 도구 및 장비류의 사용방법과 기능을 숙지하고 사용용도 외에는 사용금지

⑨ 도구 및 장비류에 이상이 있을 경우 적절한 조치

CHAPTER 4

우리나라 떡의 역사 및 문화

제1절 떡의 역사

❶ 떡의 어원

떡은 곡식을 가루내어 물과 반죽하여 찌거나 삶거나 지져서 만든 음식을 통틀어 이르는 말로 오랜 세월 동안 우리 생활에 밀착되어 각종 제례나 예식, 농경의례, 토속신앙을 배경으로 한 각종 제사의식에 사용되었으며, 사람이 태어나서 죽을 때까지 치르는 통과의례 외에 계절을 나타내는 시식, 명절의 행사 등에서 빼놓을 수 없는 우리나라 고유의 음식 중 하나이다.

① '찌다'의 동사에서 명사가 되어 '찌다 → 찌기 → 떼기 → 떠기 → 떡'으로 변화
② 떡이란 말은 한글로 1800년대 「규합총서」에 기록됨
③ 한자어로 병(餠), 고(餻), 이(餌), 자(餈), 편(片, 鯿), 병이(餠餌), 탁(飥) 등이 있음
④ 병(餠) : 넓고 편편하다는 뜻의 한자어로 떡을 한자로 표현할 때 주로 사용
⑤ 이(餌) : 『성호사설』에서 밀가루 외의 곡분을 시루에 쪄낸 떡이라는 의미로, 『조선무쌍신식요리제법』에서 쌀가루를 찐 것으로 표현

❷ 시대별 떡의 역사

우리 민족이 언제부터 떡을 만들었는지 정확한 연대는 알 수 없으나 삼국시대에는 떡을 일상식으로 상용했던 것으로 여겨짐

1. 삼국시대 이전(상고시대)

① 삼국이 성립되기 전 부족국가 시대부터 만들어진 것이라 추측

② 떡의 재료가 되는 쌀, 피, 기장, 조, 수수 등 생산

③ 떡의 제작에 필요한 도구(갈돌, 돌확, 시루 등)가 유적으로 출토

- 갈돌 : 곡물의 껍질을 벗기고 가루로 만드는 도구(황해도 봉산 지탑리 유적 – 신석기)
- 돌확 : 곡물을 찧거나 빻는 도구(경기도 북변리, 동창리 유적 – 무문토기)
- 시루 : 곡물을 찌는 도구(함경북도 나진 초도 조개더미 – 청동기)

2. 삼국시대와 통일신라시대

① 본격적인 농경시대 전개로 떡이 다양하게 발달

②『삼국사기』 신라본기 : 남해왕 사후에 왕위계승과 관련하여 떡을 깨물어 잇자국이 많은 사람이 왕위 계승(잇자국이 선명하게 날 정도의 떡으로 흰떡, 인절미, 절편류 추정)

③『삼국사기』 백결선생조 : 세모에 가난으로 떡을 치지 못하는 미안함으로 부인에게 거문고로 떡방아 소리를 냄(절식풍속 추정, 떡메로 치는 흰떡, 인절미 같은 절편 추정)

④『삼국유사』 가락국기 : '조정의 뜻을 받들어 세시마다 술, 감주, 떡, 밥, 차, 과실 등 여러 가지를 갖추어 제사를 지냄'(떡이 제사음식으로 사용)

⑤『삼국유사』 죽지랑조 : '설병 한 합과 술 한 병…'으로 대접(삼국유사에 처음으로 설병 떡의 이름이 문헌에 나타남. 설기떡, 인절미나 절편으로 추정)

3. 고려시대

① 불교문화의 번성으로 떡이 발달하였으며, 행사나 제사음식뿐만 아니라 별식으로서 일반에까지 널리 보급

② 송도 개경에 쌍화점이라는 최초의 떡집이 생김(증편류인 상화) – 떡의 상품화

③『지봉유설』에 송사의 기록을 인용하여 상사일(음력 3월 3일)에 청애병(쑥떡)을 만든 기록 – 절식음식으로 사용

④『해동역사』에서 고려인이 율고를 잘 만든다는 기록–'고려율고'라는 밤설기떡 소개

⑤ 이색의 저서『목은집』에서 유두일에 '수단', '차전병(찰수수전병)'을 만들었다는 기록, '점서'라는 찰기장으로 만든 송편에 대한 기록–절식음식으로 사용

⑥『고려사』에서 광종이 걸인들에게 떡을 나누어주었고, 신돈이 부녀자에게 떡을 주었다는 기록

⑦『삼국유사』에서 신라의 소지왕이 까마귀를 기념하여 찰밥을 지어 제사를 지냈고 약식이 여기에서 기원하였다는 기록

4. 조선시대

① 유교의 영향으로 음식이나 떡을 높이 고이는 풍조가 생겨 떡이 고급화되고 전성기를 이룸

② 떡이 혼례, 빈례, 제례 등 각종 행사와 대 · 소연회에 필수적인 음식으로 자리 잡음

③『도문대작』: 우리나라에서 가장 오래된 식품전문서. 19종류의 떡 기록

- 봄 : 쑥떡, 느티떡, 두견전, 이화전
- 여름 : 장미전, 수단, 상화, 소만두
- 가을 : 두텁떡, 국화병, 시율나병
- 겨울 : 떡국

④『음식디미방』: 안동장씨가 쓴 최초의 한글조리서. 8종류의 떡이 기록(석이편법, 밤설기법, 전화법, 빈잡법, 잡과법, 상화법, 증편법, 섭산상법)

⑤『수문사설』: 오도증(시루밑)이라는 떡을 만드는 도구를 소개. 27종류의 떡이 기록됨

⑥『규합총서』: 혼돈병(찹쌀가루를 쪄서 유자청 등의 소를 넣고 볶은 팥가루 고물을 얹어 찐 것), 석탄병(차마 삼키기 아까운 떡–멥쌀가루에 감가루, 대추가루, 밤, 귤, 꿀 등을 섞어 찐 떡), 기단가오(메조가루에 대추, 통팥을 섞어 찐 떡)

5. 근대(현대) 이후

① 19세기 말에 접어들면서 한일합병, 일제 강점기, 6 · 25전쟁 등의 사회변화와 빵의 등장으로 인해 떡의 발전이 거의 없었으나 지금까지 중요한 행사나 명절 등에는 떡이 중요한 음식으로 사용되고 있음

② 떡을 떡집에서 사는 경우가 많으나 떡의 건강성이 부각되면서 식사나 간식으로 각광받고 있으며, 학계, 연구가 등을 중심으로 다양한 떡들이 개발되고 있음

제2절 떡의 문화

❶ 시식 · 절식으로서의 떡

1. 설날(정월초하루, 음력 1월 1일)

① 한 해의 시작인 날

② 떡국을 끓여 차례상에 올림

③ 가래떡(무병장수의 의미, 떡국떡-엽전모양으로 재물을 모으라는 의미)

2. 정월대보름(음력 1월 15일)

① 새로운 농사를 맞이하는 날

② 쥐불놀이 등

③ 약식, 원소병 등

3. 중화절(음력 2월 1일)

① 농사일이 시작되는 절기에 노비를 격려

② 노비송편 혹은 삭일송편(노비의 나이 수대로 나누어줌), 시래기떡 등

4. 삼짇날(음력 3월 3일)

① 봄의 시작을 알리는 날
② 화전놀이
③ 진달래화전, 화면, 쑥단자, 탕평채, 향애단, 쑥떡, 창면, 진달래화채 등

5. 한식(음력 4월 6일)

① 동지로부터 105일째 되는 날
② 찬 음식을 먹는 고대 중국의 풍습에서 유래된 명절
③ 쑥절편, 쑥단자 등

6. 석가탄신일(음력 4월 8일)

① 부처의 생일을 기념하기 위한 날
② 4월 초파일이라고도 불림
③ 느티떡(유엽병), 장미화전, 증편, 개피떡 등

7. 단오(음력 5월 5일)

① 수릿날, 천중절, 중오절로 불림
② 차륜병(수리취를 넣어 만든 떡으로 수리떡, 수리취절편으로 불림. 수리취절편에 수레바퀴 모양의 문양), 도행병(복숭아나 살구의 과일즙 사용), 애엽고 등

8. 유두(음력 6월 15일)

① 동쪽으로 흐르는 물에 머리를 감고 목욕을 한다는 뜻
② 더위를 잊기 위해 액막이를 하는 의미로 제를 드림
③ 수단(찐 멥쌀가루를 둥글게 빚어 꿀물이나 오미자국물에 넣어 만든 것. 떡수단, 보리수단 등), 상화병(밀가루를 반죽하여 콩이나 깨에 꿀을 섞은 소를 싸서 찐 음식), 연병 등

9. 칠석, 삼복(음력 7월 7일)

① 여름에 쉽게 상하지 않는 떡을 만듦
② 증편(술을 넣고 발효시켜 찐 떡), 주악(찹쌀을 익반죽하여 소를 넣고 기름에 튀긴 떡), 밀전병 등

10. 추석(음력 8월 15일)

① 가배, 가배일, 가위, 한가위, 중추, 중추절, 중추가절이라 불림
② 바로 수확한 햅쌀로 시루떡과 송편을 빚어 조상께 제사를 지냄
③ 오려송편 : 올벼(올해의 벼, 햅쌀)로 빚은 송편

11. 중양절(음력 9월 9일)

① 날짜와 달의 숫자가 같은 중일 명절
② 국화주, 국화전, 밤떡, 물호박시루떡 등

12. 상달(음력 10월)

① 일 년 농사를 마무리하는 시기
② 곤월, 동난, 동훤, 맹동 등으로 불림
③ 팥고물시루떡, 무시루떡, 애단자, 밀단자, 밀단고 등

13. 동지(음력 11월)

① 낮의 길이가 가장 짧고 밤의 길이가 가장 긴 날
② 팥죽(나이 수만큼 찹쌀경단을 넣어 끓임)

14. 납일(음력 12월)

① 동지로부터 세 번째 미일(未日)

② 한 해를 무사히 지낸 것에 감사하는 의미로 제사
③ 골무떡(멥쌀가루를 쪄서 친 후 팥소를 넣고 골무모양으로 떡을 만듦)

15. 섣달그믐(음력 12월 31일)

① 새해를 맞이하기 전날
② 집에 남아 있는 재료를 모두 넣어 따뜻한 온시루떡을 만듦
③ 골무병, 주악, 잡과 등

❷ 통과의례와 떡

1. 삼칠일

① 아이가 태어난 지 21(3×7=21)일이 되는 날
② 백설기(아이가 밝고 깨끗하게 자라라는 의미), 붉은 수수팥경단 등

2. 백일

① 아이가 태어난 지 100일이 되는 날
② 백설기(아이가 밝고 깨끗하게 자라라는 의미), 붉은 수수팥경단(귀신을 쫓아 액을 막는다는 의미), 오색송편(만물의 조화를 이루며 살아가라는 의미. 소를 넣은 송편 – 속이 꽉 찬 사람이 되라는 의미. 소가 없는 송편 – 마음을 넓게 가진 사람이 되라는 의미)

3. 돌

① 아이가 태어난 지 1년이 되는 날
② 백설기, 차수수경단, 오색송편, 무지개떡(밝고 만물의 조화로운 미래를 갖기를 기원하는 의미), 인절미(끈기 있는 사람이 되라는 의미)

4. 책례

① 책을 한 권씩 끝낼 때마다 축하하고 격려하는 의례

② 오색송편, 경단 등

5. 성년례

① 어른이 되었음을 축하하는 의례

② 떡, 약식 등

6. 혼례

① 남녀가 혼인관계를 맺는 의례

② 봉채떡(봉치떡. 신랑집에서 함을 받는 날 준비하는 떡. 찹쌀 3되(길함을 의미), 팥 1되(액막이의 의미)를 2켜(부부 한쌍을 의미)로 찌고 가운데에 대추 7개 또는 9개(아들 7명을 의미)를 원형으로 올리고, 가운데 밤을 1개(풍요와 장수를 의미) 올림, 달떡(혼례 당일 혼례상에 올리는 떡. 보름달처럼 밝게 비추고 서로 둥글게 채워가라는 의미), 색떡(혼례 당일 혼례상에 올리는 떡), 인절미, 절편(이바지 음식으로 준비하는 떡. 찰떡처럼 좋은 금슬을 가지고 살라는 의미)

7. 회갑

① 61회 생일

② 큰상차림의 떡 : 백편, 녹두편, 꿀편, 승검초편 등을 사각형으로 썰어 층층이 높이 올린 후 그 위에 다시 화전, 부꾸미, 주악, 다양한 단자 등을 웃기로 얹어 장식

③ 백편(멥쌀가루에 설탕을 섞고 켜마다 대추, 밤, 석이, 실백, 파래 등으로 고명을 얹어 찐 떡), 꿀편(멥쌀가루에 설탕을 섞어 밤, 대추, 곶감, 잣가루, 청매, 귤병 등을 섞어 찐 떡), 승검초편(멥쌀가루에 승검초가루, 막걸리, 설탕을 넣고 대추채와 밤채, 석이버섯채, 고명을 얹어 켜켜이 찐 떡)

8. 제례

① 조상을 위해 자손이 올리는 의례
② 붉은색 고물을 사용하지 않고 녹두고물, 거피팥고물, 흑임자고물 등을 사용
③ 시루떡과 편류(메편, 찰편) 등을 높이 괸 후 주악이나 단자를 웃기떡으로 올림

❸ 지역별 향토떡

지역명	특징	대표적인 떡의 종류
서울·경기	• 원재료가 풍성 • 모양과 맛의 종류가 화려하고 다양	석이단자, 대추단자, 은행단자, 밤단자, 각색경단, 상추설기, 색떡, 강화근대떡, 개떡, 개성경단, 개성주악(개성우메기), 개성조랭이떡, 여주산병, 느티떡, 화전, 각색편 등
강원도	• 산, 밭, 해산물로 재료가 다양하고 떡의 종류가 많음 • 감자, 옥수수, 콩, 메밀 등 특산물을 재료로 하는 경우가 많음	감자시루떡, 감자떡, 감자녹말송편, 메밀전병, 도토리송편, 칡송편, 감자경단, 옥수수설기, 옥수수보리개떡, 메싹떡, 팥소흑임자, 댑싸리떡, 방울증편, 무소송편 등
충청도	• 양반과 서민의 떡을 구분 • 농경이 발달 • 소박한 음식	해장떡, 쇠머리떡, 약편, 곤떡, 호박송편, 호박떡, 증편, 막편, 장떡, 꽃산병, 햇보리떡, 도토리떡 등
경상도	• 밤, 대추, 감으로 만든 떡이 유명 • 경주 지역은 제사떡이 유명 • 사치스럽기보다는 소담한 음식	밤, 대추, 감으로 만든 설기떡, 편떡, 제사떡, 모싯잎송편, 만경떡, 쑥굴레, 잣구리, 거창송편, 모듬백이, 결명자 찰부꾸미, 칡떡, 잡과편 등
전라도	• 우리나라 최대의 곡창지대 • 떡이 사치스럽고 맛이 각별 • 화려한 색과 장식을 더한 떡이 많음	감시루떡, 감고지떡, 감인절미, 나복병, 수리취떡, 고치떡, 꽃송편, 구기자떡, 깨떡(깨시루떡), 삐삐떡(삘기송편), 호박메시루떡, 복령떡, 송피떡, 전주경단, 해남경단, 섭전, 호박고지시루떡, 감단자, 차조기떡 등
제주도	• 잡곡을 이용한 떡이 많음 • 쌀을 이용한 떡이 귀함(제사에 사용)	오메기떡, 돌래떡(경단), 빙떡(메밀부꾸미), 빼대기(감제떡), 상애떡, 달떡, 도돔떡, 침떡(좁쌀시루떡), 속떡(쑥떡), 중괴, 우찍, 은절미, 차좁쌀떡 등
함경도	• 콩, 조, 강냉이, 수수, 피를 이용한 떡이 많음 • 소박한 느낌의 떡 • 추운 날씨로 언 감자를 이용한 떡이 많음	찰떡인절미, 달떡, 갈마떡, 오그랑떡, 언감자송편, 기장인절미, 구절떡, 가랍떡, 귀리절편, 괴명떡, 콩떡, 함경도인절미, 꼬장떡, 감자찰떡, 달떡 등
평안도	• 떡이 크고 소담함	조개송편, 찰부꾸미, 장떡, 골미떡, 꼬장떡, 송기떡, 뽕떡, 니도래미, 감자시루떡, 강냉이골무떡, 놋티 등
황해도	• 곡물중심의 떡이 다양하게 발달 • 모양과 크기가 크고 푸짐 • 조를 이용한 떡이 많음 • 기교를 부리지 않고 소박한 음식	무설기떡, 오쟁이떡, 큰송편, 우메기, 잔치메시루떡, 수수무살이, 닭알범벅, 혼인인절미, 수리취인절미, 증편, 잡곡부치기, 닭알떡 등

④ 떡의 종류에 따른 구분

1. 찌는 떡(증병, 甑餠)

- 떡 중에서 가장 먼저 만들어진 떡의 기본형
- 곡물을 가루로 하여 시루에 안치고 솥 위에 얹어 증기에 찜
- 찌는 방법에 따라 설기떡(무리떡)과 켜떡으로 구분
- 1763년 『성호사설』: 지금도 설기를 숭상한다. 가례에 쓰는 자고(餈糕)가 이것이다. 멥쌀가루에 습기를 준 다음, 시루에 넣어 떡이 되도록 오래 익힌다. 이것이 백설기이다.

구분	종류
설기떡 (무리떡)	백설기, 콩설기, 무설기, 잡과병, 도행병, 율고, 구고하병, 괴엽병, 애병, 적증병, 상자병, 산삼병, 석탄병, 잡과병, 당귀병 등
켜떡 (찰시루떡/메시루떡)	붉은팥 시루떡, 물호박떡, 상추떡, 무시루떡, 느티떡, 백편, 꿀편, 승검초편, 석이편, 찰시루떡, 두텁떡, 깨찰편, 녹두찰편, 꿀찰편 등

2. 치는 떡(도병, 搗餠)

- 시루에 찐 떡을 절구나 안반 등에서 쳐서 끈기가 나게 한 떡
- 1766년 『증보산림경제』: 단자류가 '향애단자'라는 이름으로 처음 기록
- 1827년 『임원십육지』: '찹쌀, 밤, 팥, 잣, 꿀로 만든다'라고 기록

구분	종류
멥쌀도병	가래떡, 절편, 개피떡 등
찹쌀도병	인절미 종류
단자	석이단자, 쑥구리단자, 대추단자, 유자단자 등

3. 삶는 떡

- 1680년 『요록』: 경단류가 '경단병'으로 처음 기록
- 1670년대 『음식디미방』, 1800년대 『시의전서』: 경단류 기록

구분	종류
경단류	각종 경단류 두텁단자, 율무단자, 보슬이단자(현대의 삶는 떡, 경단보다 크고 소를 넣어 삶은 떡)

4. 지지는 떡(전병, 煎餠)

- 찹쌀이나 찰곡식의 가루를 익반죽한 뒤 모양을 빚어 기름에 지지는 떡
- 『삼국유사』 : 약식의 유래가 기록
- 『도문대작』 : 화전에 대한 내용이 처음 기록됨. 자병, 전화병, 유전병
- 1849년 『동국세시기』 : 녹두가루를 사용한 두견화, 장미화, 국화 등의 꽃과 꿀, 기름 등을 사용
- 1670년대 『음식디미방』, 1600년대 『주방문』에서 찹쌀가루와 메밀가루를 섞어서 만듦
- 1766년 『증보산림경제』 이후 문헌에서는 찹쌀가루만으로 만듦

주악	승검초주악, 은행주악, 대추주악 등 주악류
부꾸미	찹쌀부꾸미, 쑥부꾸미 등 부꾸미류
기타	빙떡, 화전, 산승, 기타 전병류

Ⅱ 실기편

수험자 실기 지참준비물

국가기술자격 실기시험 공개문제

수험자 실기 지참준비물

번호	재료명	규격	단위	수량	비고
1	가위	가정용	EA	1	조리용
2	계량스푼		SET	1	재질, 규격, 색깔 제한 없음
3	계량컵	200mL	EA	1	재질, 규격, 색깔 제한 없음
4	나무젓가락	30~50cm 정도	SET	1	
5	나무주걱	null	EA	1	
6	냄비	-	EA	1	
7	뒤집개	-	EA	1	요리할 때 음식을 뒤집는 기구(뒤집개, 스패출러, 터너라고 통용됨)
8	마스크	일반용	EA	1	
9	면장갑	작업용	켤레	1	
10	면포	10×10cm 정도	장	1	
11	볼(bowl)	-	EA	1	스테인리스볼/플라스틱 재질 가능, 대중소 각 1개씩(크기 및 수량 가감 가능, 예시 : 중 2개와 소 2개 지참 가능)
12	비닐	50×50cm	EA	1	재료 전처리 또는 떡을 덮는 용도 등, 다용도용으로 필요량만큼 준비
13	비닐장갑	null	켤레	5	일회용 비닐 위생장갑, 니트릴 라텍스 등 조리용 장갑 사용 가능
14	솔	소형	EA	1	기름 솔 용도
15	스크레이퍼	150mm 정도	EA	1	재질, 크기, 색깔 제한 없음(제과용, 조리용 스크레이퍼, 호떡누르개, 다용도 누르개 등 가능)
16	신발	작업화	족	1	세부기준 참고
17	원형 틀	개피떡(바람떡) 제조용	EA	1	공개문제 참고하여 직경 5.5cm 정도의 원형 틀 지참
18	위생모	흰색	EA	1	세부기준 참고
19	위생복	흰색(상하의)	벌	1	세부기준 참고(실험복은 위생 0점 처리됨)
20	위생행주	면, 키친타월	EA	1	

번호	재료명	규격	단위	수량	비고
21	저울	조리용	대	1	g 단위 측정 가능한 것, 재료 계량용
22	절구	고물 제조용	EA	1	크기, 색상, 재질 등에는 제한사항 없음. 고물 제조용으로 적합한 절구 지참
23	절굿공이	조리용	EA	1	나무밀대, 방망이(크기와 재질 무관, 공개문제 참고하여 준비)
24	접시	조리용	EA	2	수량, 크기, 재질, 색깔 제한 없음
25	찜기	대나무찜기, 외경 기준 지름 25×내경 기준 높이 7cm 정도, 오차범위±1cm)	SET	2	물솥, 시루망(면포, 실리콘패드) 및 시루 일체 포함. 1개만 지참하고 시험시간 내 세척하여 사용하는 것도 가능(단, 시험시간의 추가는 없음)
26	체	null	EA	1	경단 건지는 용도. 직경 20cm 냄비에 들어갈 수 있는 소형 크기
27	체	null	EA	1	재질 무관(스테인리스, 나무체 등) 28×6.5cm 정도의 중간체. 재료 전처리 등 다용도 활용
28	칼	조리용	EA	1	
29	키친페이퍼	null	EA	1	키친타월
30	프라이팬	-	EA	1	시험장에 프라이팬 구비되어 있음. 필요 시 개인용으로 지참 가능

[지참준비물 상세 안내]

※ 핀셋, 계산기는 필수적인 조리용 도구가 아니므로 사용 금지

※ 길이(cm) · 부피(mL) 측정용 눈금이 표시된 조리도구 사용 허용

- 눈금칼, 눈금도마, 계량컵, 계량스푼 등의 사용이 가능하나, 눈금이 표시된 조리도구가 필수적인 준비물은 아님을 참고
- 단, '자, 몰드, 틀' 등과 같이 기능 평가에 영향을 미치는 도구 또는 비조리도구는 사용 금지(쟁반이나 그릇 등을 몰드 용도로 사용하는 경우는 감점)
- 지참준비물 외 개별 지참한 도구가 있을 경우, 시험 당일 감독위원에게 사용 가능 여부를 확인 후 사용, 감독위원에게 확인하지 않고 개별 지참한 도구 사용 시 점수에 불이익이 있을 수 있음에 유의

※ 시험장 내 모든 개인 물품에는 기관 및 성명 등의 표시가 없어야 함

- 조리도구에 이물질(예, 테이프) 부착 금지
- 해당 기준 부적합(개인위생, 식품위생, 작업장 위생, 안전관리를 준수하지 않은 경우)은 감점 처리됨(위생 점수 총 14점 0점 처리)

  예 : 찜기에 수험자 성명이나 학원명 등의 표시가 있어 청테이프로 가릴 경우 불에 의한 안전사고 위험이 있으므로 절대 금함

※ 준비물별 수량은 최소 수량을 표시한 것이므로 필요시 추가 지참 가능

※ 종이컵, 호일, 랩, 종이호일, 1회용 행주, 수저 등 일반적인 조리용 도구 및 소모품은 필요시 개별 지참 가능

※ '24년도는 디지털 타이머, 스톱워치 소지·사용이 가능하나, 타이머는 필수 준비물이 아니며, 시험시간은 시험장에 있는 시계를 기준으로 시행됨을 참고

- 사용 시 무음·무진동으로 사용하여야 하며, 알람 소리 및 진동 금지
- 손목시계를 착용하는 것은 이물 및 교차오염 방지를 위해 착용 제한(착용 시 위생 0점)

※ '뒤집개' 상세 안내

- 뒤집개는 요리할 때 음식을 뒤집는 일반적인 조리도구임
- 둥근 원판(지름 20~30cm 정도의 아크릴, 플라스틱 등 식품제조 부적합/미확인 재질)은 사용 금지(상세사항은 '큐넷 〉 자료실 〉 공개문제' 참고)

국가기술자격 실기시험 공개문제

콩설기떡, 부꾸미

시험시간 : 2시간

1. 요구사항

※ 지급된 재료 및 시설을 사용하여 아래 2가지 작품을 만들어 제출하시오.

가. 콩설기떡을 만들어 제출하시오.

1) 떡 제조 시 물의 양은 적정량으로 혼합하여 제조하시오(단, 쌀가루는 물에 불려 소금간 하지 않고 2회 빻은 멥쌀가루이다).
2) 불린 서리태를 삶거나 쪄서 사용하시오.
3) 서리태의 1/2 정도는 바닥에 골고루 펴 넣으시오.
4) 서리태의 나머지 1/2 정도는 멥쌀가루와 골고루 혼합하여 찜기에 안치시오.
5) 찜기에 안친 쌀가루반죽을 물솥에 얹어 찌시오.
6) 서리태를 바닥에 골고루 펴 넣은 면이 위로 오도록 그릇에 담고, 썰지 않은 상태로 전량 제출하시오.

재료명	비율(%)	무게(g)
멥쌀가루	100	700
설탕	10	70
소금	1	7
물	-	적정량
불린 서리태	-	160

나. 부꾸미를 만들어 제출하시오.

1) 떡 제조 시 물의 양을 적정량으로 혼합하여 반죽을 하시오(단, 쌀가루는 물에 불려 소금간 하지 않고 1회 빻은 찹쌀가루이다).
2) 찹쌀가루는 익반죽하시오.
3) 떡반죽은 직경 6cm로 지져 팥앙금을 소로 넣어 반으로 접으시오( ).
4) 대추와 쑥갓을 고명으로 사용하고 설탕을 뿌린 접시에 부꾸미를 담으시오.
5) 부꾸미는 12개 이상으로 제조하여 전량 제출하시오.

재료명	비율(%)	무게(g)
찹쌀가루	100	200
백설탕	15	30
소금	1	2
물	-	적정량
팥앙금	-	100
대추	-	3(개)
쑥갓	-	20
식용유	-	20mL

2. 지급재료 목록

번호	재료명	규격	단위	수량	비고
		콩설기떡			
1	멥쌀가루	멥쌀을 5시간 정도 불려 빻은 것	g	770	1인용
2	설탕	정백당	g	100	1인용
3	소금	정제염	g	10	1인용
4	서리태	하룻밤 불린 서리태 (겨울 10시간, 여름 6시간 이상)	g	170	1인용 (건서리태 80g 정도 기준)
		부꾸미			
5	찹쌀가루	찹쌀을 5시간 정도 불려 빻은 것	g	220	1인용
6	설탕	정백당	g	40	1인용
7	소금	정제염	g	10	1인용
8	팥앙금	고운 적팥앙금	g	110	1인용
9	대추	(중)마른 것	개	3	1인용
10	쑥갓		g	20	1인용
11	식용유		mL	20	1인용
12	세척제	500g	개	1	30인 공용

※ 국가기술자격 실기시험 지급재료는 시험 종료 후(기권, 결시자 포함) 수험자에게 지급하지 않습니다.

떡제조기능사 실기시험

콩설기떡

만드는 방법

1 지급받은 서리태 확인하고 전처리하기

지급받은 서리태가 물에 불려진 정도를 확인하고 몇 분 정도 삶아야 할 지를 먼저 결정한다.

❶ 지급된 소금양 중에서 쌀가루에 넣을 양을 계량하고 남은 소금 일부를 넣고 서리태를 삶아준다.

콩설기인 경우에는 서리태가 익지 않아서 떨어지는 경우가 많다. 지급된 서리태 상태를 보아 10~15분 정도 삶아주는 것이 좋다.

❷ 서리태가 삶아지면 삶았던 물은 버리고 체에 올린 채로 찬물로 헹궈 열기를 빼준다.

❸ 콩에 수분이 많아도 떡이 질어질 수 있기 때문에 열기를 뺀 삶은 서리태는 키친타월 위에 올려 여분의 수분을 빼준다.

이때, 서리태를 1/2씩 두 개로 나누어준다. 멥쌀가루를 찜기에 올리기 전 1/2은 바닥에 골고루 펴 넣을 것이고, 1/2은 멥쌀가루와 골고루 혼합할 것이다.

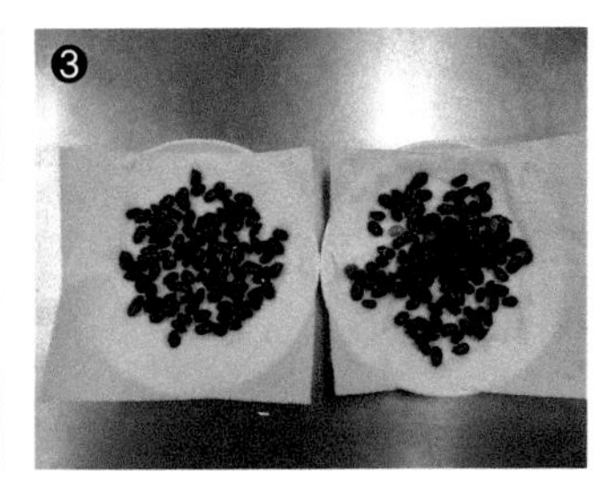

2 쌀가루 체에서 내리기

쌀가루에 물 주기 하는 동안 물솥에 1/2 정도 물을 채우고 불에 올려 놓는다.

❶ 계량한 멥쌀가루에 계량한 소금을 넣고 고르게 잘 비벼준 후 체에서 내린다.

❷ 소금을 쌀가루에 직접 넣고 체에서 내린 후 물을 주는 방법도 있고, 소금을 물에 녹여 넣고 수분을 맞추는 방법도 있다.

소금을 쌀가루에 직접 넣고 체에서 내릴 경우 소금이 한쪽으로 몰림 현상이 생겨 맛이 고르지 못할 경우가 있기 때문에 고르게 잘 비벼줘야 하고, 소금을 물에 녹여 사용할 경우 처음부터 많은 양의 물에 소금을 녹여버리면 떡이 싱겁거나, 질어질 수 있기 때문에 처음에는 예상물의 1/2 정도에 소금을 녹이고 수분을 준 후 부족한 물은 추가로 넣어 수분을 맞추어주어야 한다.

3 멥쌀가루에 물 주기

❶ 지급된 멥쌀가루를 손으로 잡아보아 쌀가루 속의 수분상태를 확인하고 물을 준다.

지급되는 쌀가루는 지급 시점마다 쌀가루 속의 수분상태가 다를 수 있다고 생각해야 한다. 지급된 쌀가루 속의 수분상태를 확인하지 않고 연습했던 대로 물을 한꺼번에 줄 경우 떡이 질어질 수 있다.

❷ 멥쌀가루에 수분을 주면서 손으로 고르게 잘 비벼준다.

❸ 비벼준 후 쌀가루를 가볍게 잡아 쥔 후 손바닥을 펼쳐서 가볍게 흔들어준다.

이때, 쌀가루가 부서지면 물이 부족한 것이다.

❹ 부족한 물 보충해 주기

❺ 쌀가루에 물을 고르게 주기 위해서는 물을 주는 중간에 체에서 한번 내려주는 것이 좋다.

❻ 쌀가루에 물이 고르게 가도록 잘 비벼준 후 쌀가루를 가볍게 잡아 쥔 후 손바닥을 펼치고 가볍게 흔들어준다. 이때, 쌀가루가 완전히 부서지지 않고 살짝 반으로 쪼개질 정도면 물 주기가 적당하다.

4 물 주기한 멥쌀가루 체에서 내리기

❶ 멥쌀가루에 물 주기가 끝났으면 한 번 더 고르게 쌀가루를 비벼준 후 체에서 내린다.

전체적인 수분의 양은 맞아도 쌀가루에 수분이 고르게 퍼지지 않으면 떡이 익지 않기 때문에 물 주기한 후 수분이 고르게 가도록 잘 비벼줘야 한다.

❷ 물 주기 끝낸 멥쌀가루는 체에서 3번 내려준다.

멥쌀가루는 입자가 거칠기 때문에, 설기를 부드럽게 만들려면, 체에서 여러 번 내려줄수록 입자가 부드러워진다.

5 찜기에 면포 또는 시루밑 깔아주기

❶ 면포 혹은 시루밑만 깔아줘도 괜찮지만, 떡에 수분이 겉도는 것을 방지하기 위해 찜기 바닥에 얇은 면포를 먼저 깔아준 후 그 위에 시루밑을 다시 깔아주면 수분 생기는 것도 방지하고 쪄낸 떡을 깔끔하게 떼어낼 수 있다.

❷ 쪄낸 콩설기에 수분이 생기지 않게 하기 위해서는 물솥의 물(의 양)을 1/2 정도로 하는 것도 중요하지만 가장 중요한 것은 찜기가 바싹 말라 있어야 한다는 것이다.

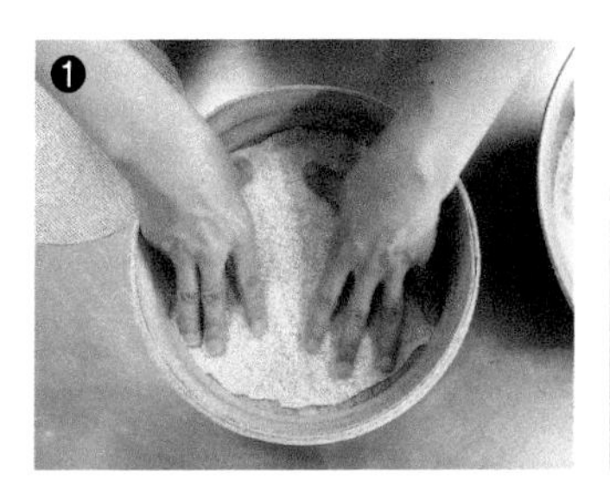

6 멥쌀가루에 설탕 넣기

❶ 멥쌀가루에 물 주기와 체에서 내리기가 끝나면 찜기에 올리기 바로 전에 쌀가루에 설탕을 넣고 가볍게 섞어준다.

이때, 서리태는 삶아 수분을 제거하고 1/2씩 두 개로 나누어 놓았는지, 물솥에 물은 끓고 있는지, 찜기에 면포 혹은 시루밑을 깔아 놓았는지를 반드시 확인해야 한다. 쌀가루에 설탕을 너무 일찍 넣으면 쌀가루에 있는 수분 때문에 쌀가루가 질어지고 뭉쳐버리기 때문에 설탕은 찜기에 올리기 바로 직전에 넣고 가볍게 섞어주어야 한다.

7 찜기에 쌀가루 넣기

❶ 나무찜기 바닥에 미리 나눠둔 서리태 1/2을 고르게 깔아준다.

❷ 남은 서리태 1/2은 멥쌀가루에 넣어 가볍게 섞어준다.

❸ 서리태 섞은 멥쌀가루를 나무찜기에 넣어준다.

❹ 스크레이퍼를 사용해 윗면이 평평하도록 작업해 준다.

8 나무찜기 뚜껑 면포로 싸기

❶ 찜기 뚜껑을 면포로 잘 감싸준다.

설기떡을 쪄낼 때는 뚜껑을 면포로 싸주어야 떡에 물이 떨어지는 것을 방지할 수 있다.

❷ 물이 팔팔 끓으면서 물솥에 김이 올라오면 뚜껑 덮은 찜기를 올린 뒤 센 불에서 20분간 쪄내고 불을 끈 후 5분간 뜸들이기를 해준다.

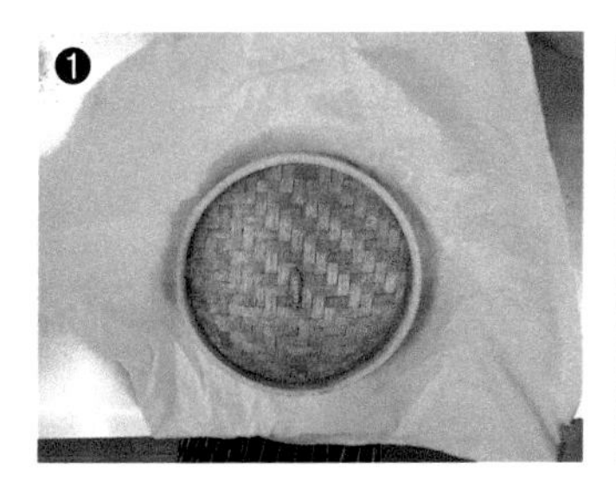

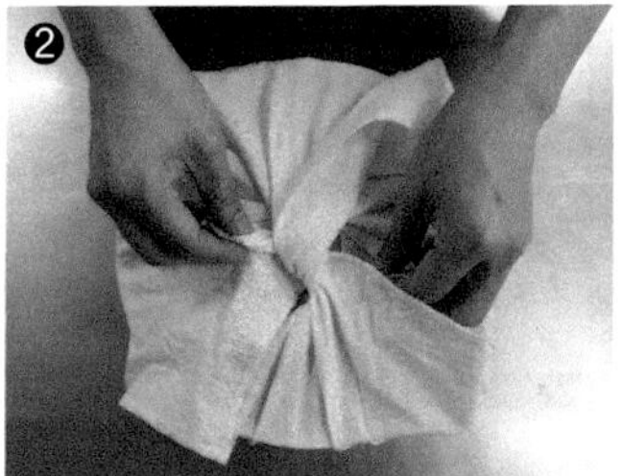

9 담아 제출하기

❶ 콩설기는 찜기 밑면 서리태를 고르게 펴 놓은 부분이 위로 올라오게 제출해야 한다.

❷ 제출접시를 찜기 위에 덧대어 올리고 한 번 뒤집어준다.

❸ 나무찜기를 조심스럽게 떼어준다.

❹ 면포와 시루밑을 조심스레 떼어낸다. 이때, 잘 떼어지지 않으면 물을 살짝 적셔주는 방법도 있다.

10 완성품

완성품을 제출접시에 담아 제출한다.

떡제조기능사 실기시험

부꾸미

만드는 방법

1 지급받은 부재료 확인하고 전처리하기

❶ 지급된 대추가 단단하게 마른 대추이면 뜨거운 물에 담가놓고, 촉촉하게 마른 대추이면 젖은 면포로 닦아 불순물만 제거해 준다.

❷ 쑥갓은 물에 담가둔다.

2 부재료 손질하기

❶ 대추는 젖은 면포로 물기와 불순물을 제거해 준다.

❷ 돌려깎기하면서 대추씨를 제거해 준다.

❸ 씨를 제거한 대추는 밀대로 밀어 속살을 얇게 해준 후 돌돌 말아 썰어준다(12개 이상).

❹ 쑥갓은 수분이 있는 상태로 한 잎씩 뜯어 키친타월 위에 올려두고 마르지 않도록 다시 젖은 면포나 키친타월로 덮어둔다. 너무 빨리 쑥갓잎을 뜯어놓으면 잎이 말라버릴 수도 있기 때문에 쌀가루를 반죽한 후 숙성시키는 동안 쑥갓을 준비해 두어도 좋다.

❺ 주어진 팥앙금은 계량한 후 12개로 똑같이 등분한 후 약간 타원형 모양으로 만들어준다.

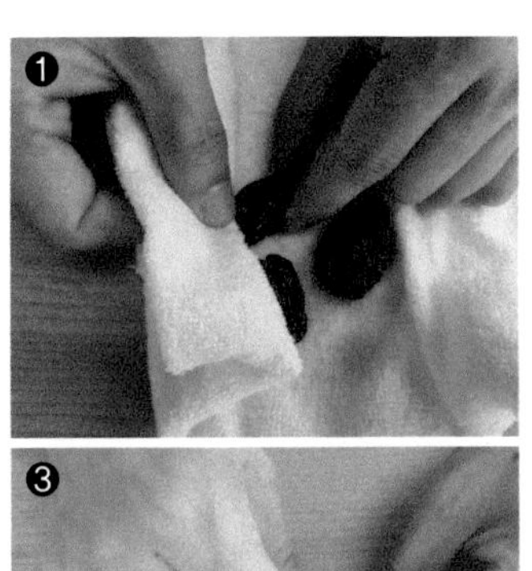

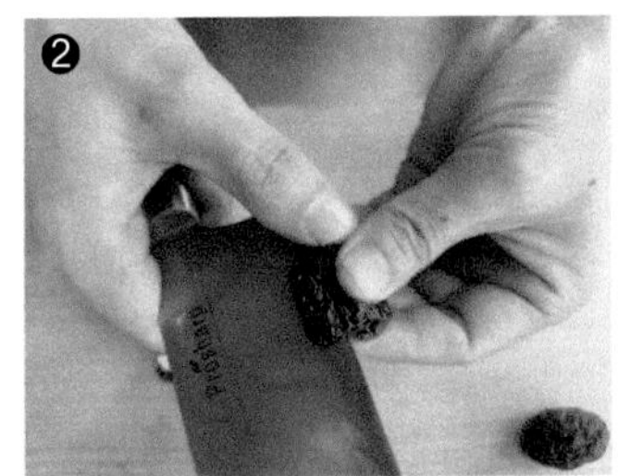

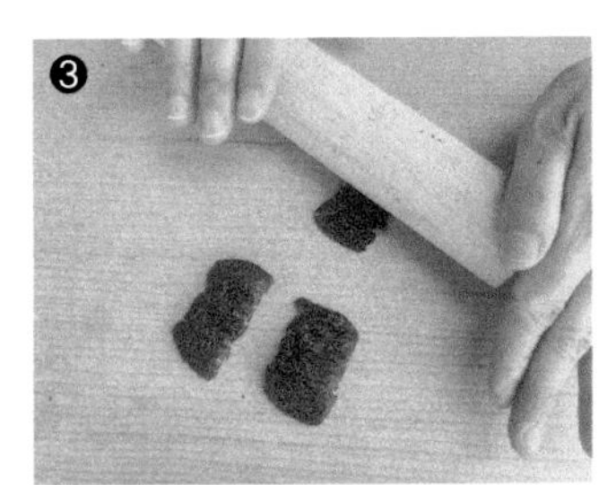

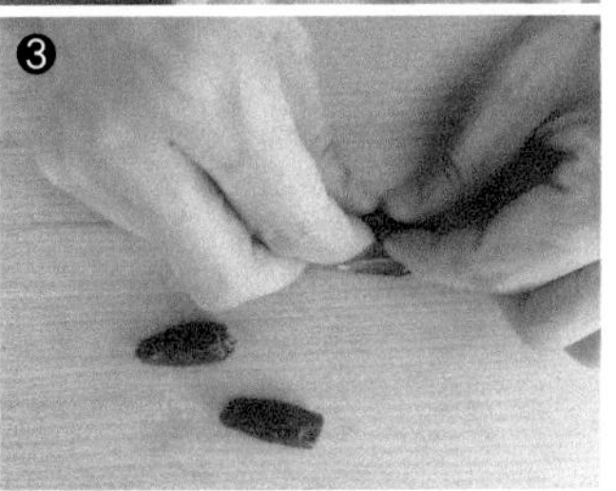

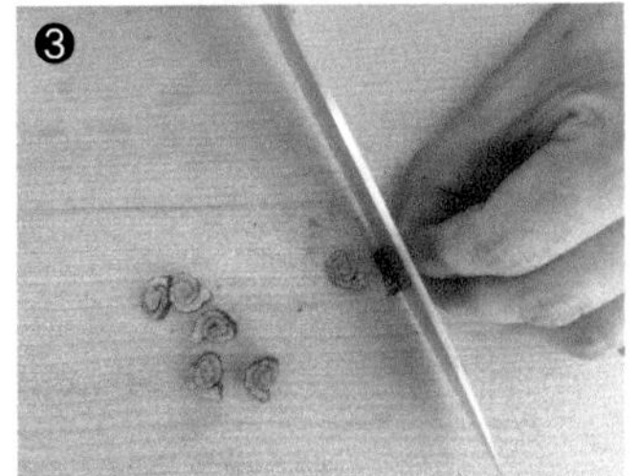

3 쌀가루 체에서 내리기

❶ 제공된 소금을 쌀가루에 넣고 체에서 내려준다.

이때, 다섯 손가락을 모두 이용해 쌀가루를 잘 비벼주면서 내린다. 혹, 제공된 소금을 물에 녹여서 쌀가루에 넣을 경우에는 쌀가루만 체에서 내려준다.

4 익반죽하기

❶ 뜨거운 물을 쌀가루에 넣어 빠르게 섞어준다.

이때, 본인에게 주어진 찹쌀가루 상태를 확인하는 것이 아주 중요하다.
찹쌀가루 자체에 수분이 많은 상태로 주어지는 경우도 있기 때문에 평소보다 물을 많이 필요로 하지 않을 수도 있고, 반죽할수록 찰지기 때문에 물 주는 부분에는 많은 신경을 써야 한다.
또한, 익반죽은 물의 온도가 중요하기 때문에 반드시 팔팔 끓는 물을 사용해야 하고, 반죽이 늦어질 경우 물의 온도 또한 낮아지기 때문에 반죽 끝나기 전까지는 냄비 속에서 물이 계속 끓고 있으면 좋다.

❷ 물의 온도가 낮아지면 다시 뜨거운 물을 조금씩 넣으면서 잘 치대면서 반죽해 준다.

❸ 반죽 일부를 떼어서 동그랗게 만들어보았을 때 부서지거나 갈라지면 수분이 부족한 것이다. 이때는 뜨거운 물을 보충해 줘야 한다.

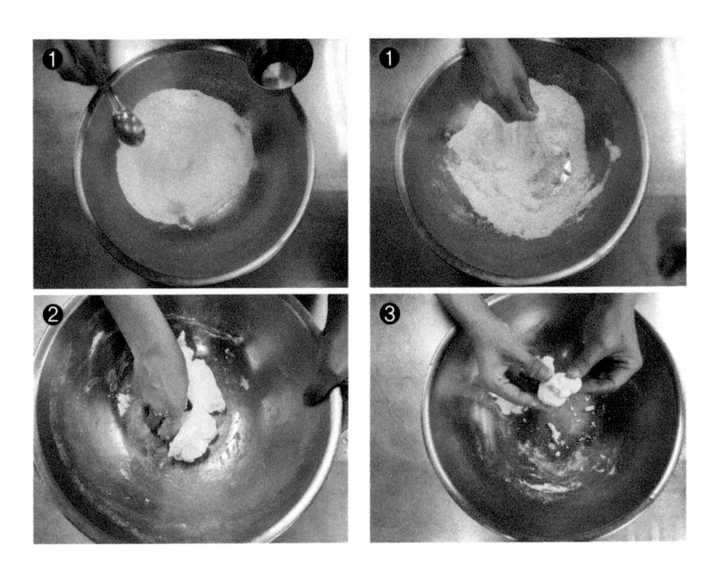

5 반죽 후 숙성하기

❶ 반죽 후 마름을 방지하기 위해 비닐에 넣어둔다.

이때, 본인 반죽이 되직하다 싶으면 면포를 뜨거운 물에 적셔 반죽을 싸두어도 좋다.

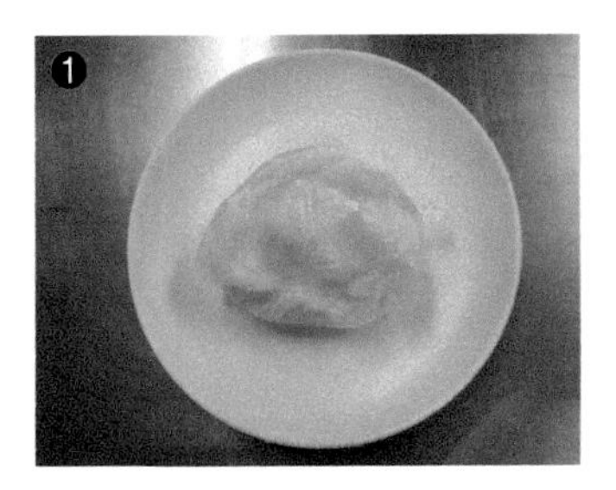

6 분할 전 반죽 총무게 재기

❶ 숙성 후 분할 전 총무게를 계량한 후 12로 나누어 한 개의 무게를 알아본다.

이때, 쌀가루 반죽에 들어간 수분의 양에 따라 반죽무게는 그때그때 달라질 수도 있다.

7 반죽을 12등분하기

❶ 12등분한 반죽을 다시 정확하게 저울에 올리면서 동일무게로 계량하면서 비닐 씌운 접시에 넣어준다.

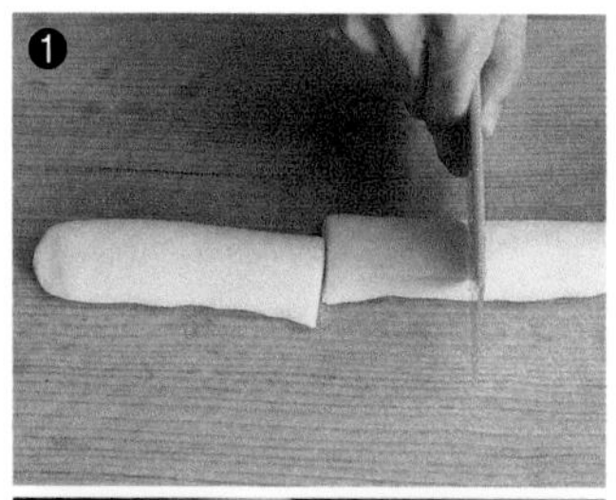

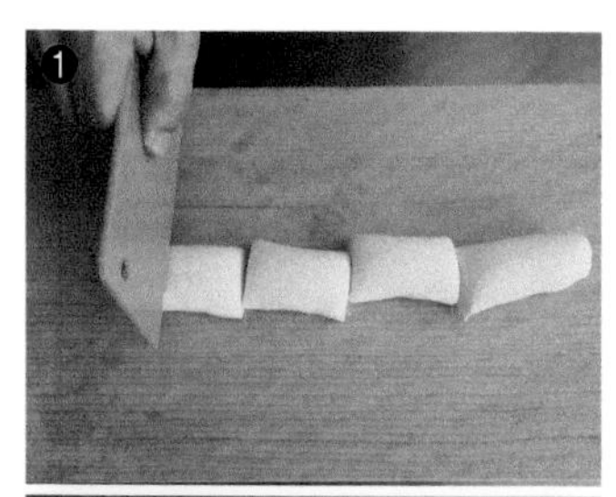

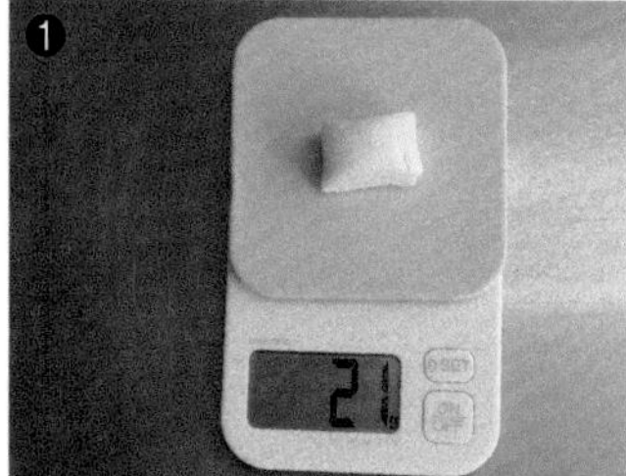

8 반죽을 동그랗게 만들기

❶ 반죽을 동그랗게 만드는 동안에도 계량해서 분할한 반죽은 계속 비닐 속에 넣어 수분이 날아가는 것을 방지해 준다.

이때, 동그랗게 만드는 과정에서 수분이 부족해 반죽이 갈라지면 계량컵에 뜨거운 물을 준비해 두었다가 반죽을 뜨거운 물에 콕 찍으면서 동그랗게 만들어내는 방법도 있다.

❷ 12개로 계량한 반죽을 하나씩 동그랗게 만들면서 비닐 씌운 접시에 넣는다.

이때, 접시에 비닐을 씌우지 않았을 경우 반죽이 접시에 붙어 반죽 일부가 뜯겨 나갈 수 있다.

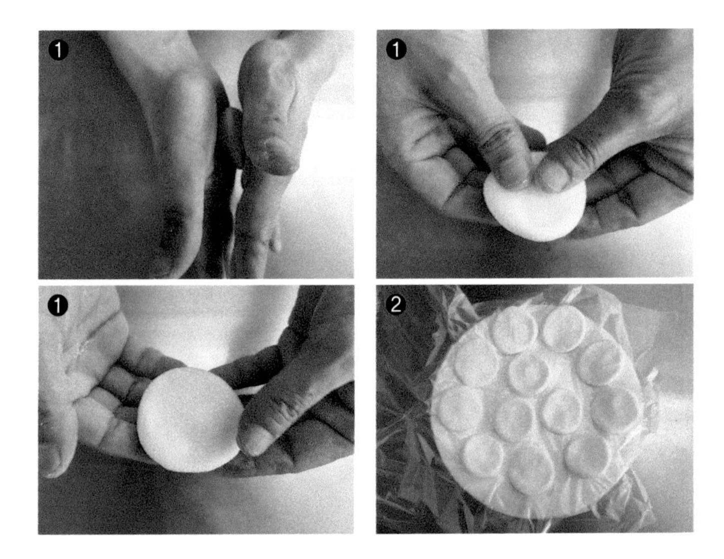

9 접시에 설탕 뿌리기

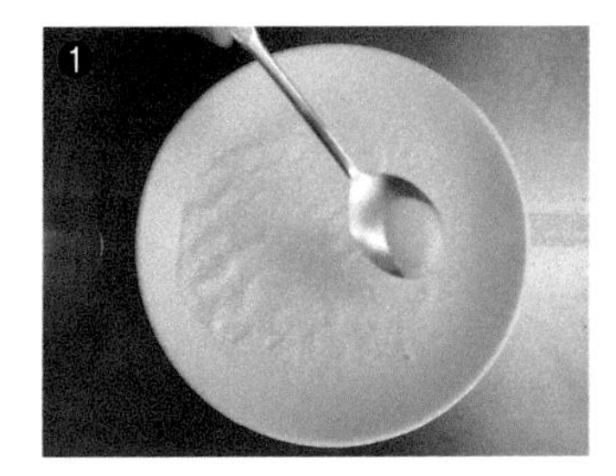

10 부꾸미 지져내기

❶ 팬을 뜨겁게 달군 후 식용유 1큰술을 넣고 골고루 두른다.

❷ 찹쌀 반죽 일부를 넣어 중불에서 지져낸다.

이때, 불이 세거나 반죽끼리 너무 붙어 있으면 익으면서 달라붙어 버릴 수 있으니 주의해야 한다.

❸ 숟가락으로 조심스럽게 뒤집으면서 가운데 부분을 살짝 눌러주면서 익힌다.

❹ 지져낸 반죽은 설탕 뿌린 접시에 서로 붙지 않게 넣는다.

❺ 반죽 중앙부분에 팥앙금을 넣고 반죽을 반으로 접으면서 붙여준다.

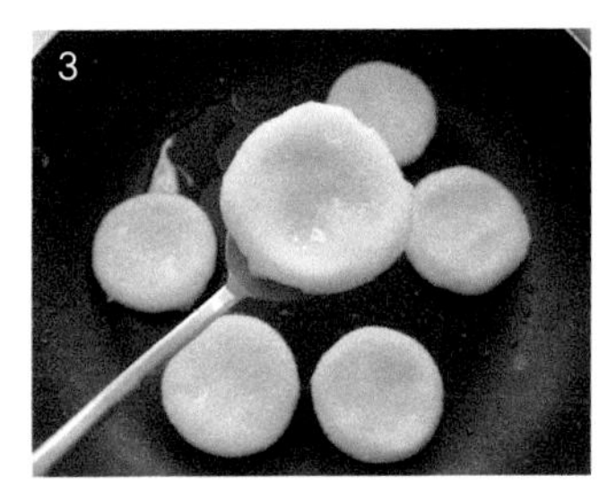

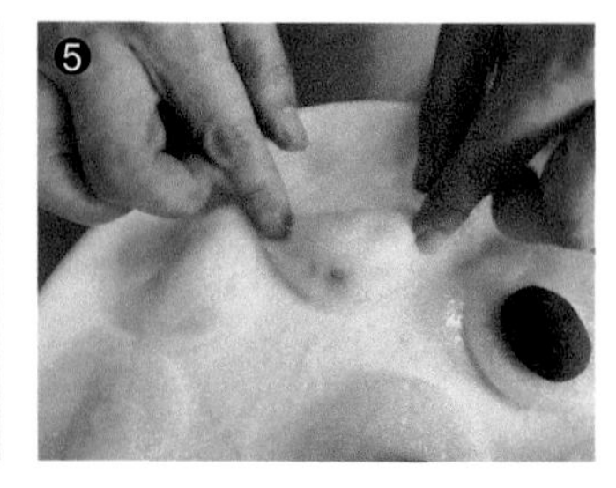

11 장식하여 담아 제출하기

❶ 반달모양의 부꾸미에 대추와 쑥갓을 붙여 장식한다.

이때, 대추는 손으로 살짝 눌러주면서 붙여야 떨어지지 않고, 쑥갓은 수분이 약간 촉촉해야 잘 달라붙는다.

❷ 제출접시에 남은 설탕은 골고루 뿌려준 후 부꾸미를 모양 있게 담아낸다.

MEMO

송편, 쇠머리떡

시험시간 : **2시간**

1. 요구사항

※ 지급된 재료 및 시설을 사용하여 아래 2가지 작품을 만들어 제출하시오.

가. 송편을 만들어 제출하시오.

재료명	비율(%)	무게(g)
멥쌀가루	100	200
소금	1	2
물	-	적정량
불린 서리태	-	70
참기름	-	적정량

1) 떡 제조 시 물의 양은 적정량으로 혼합하여 제조하시오(단, 쌀가루는 물에 불려 소금간 하지 않고 2회 빻은 멥쌀가루이다).
2) 불린 서리태는 삶아서 송편소로 사용하시오.
3) 떡반죽과 송편소는 4:1~3:1 정도의 비율로 제조하시오(송편소가 1/4~1/3 정도 포함되어야 함).
4) 쌀가루는 익반죽하시오.
5) 송편은 완성된 상태가 길이 5cm, 높이 3cm 정도의 반달모양( )이 되도록 오므려 집어 송편 모양을 만들고, 12개 이상으로 제조하여 전량 제출하시오.
6) 송편을 찜기에 쪄서 참기름을 발라 제출하시오.

나. 쇠머리떡을 만들어 제출하시오.

재료명	비율(%)	무게(g)
찹쌀가루	100	500
설탕	10	50
소금	1	5
물	-	적정량
불린 서리태	-	100
대추	-	5(개)
깐 밤	-	5(개)
마른 호박고지	-	20
식용유	-	적정량

1) 떡 제조 시 물의 양은 적정량을 혼합하여 제조하시오(단, 쌀가루는 물에 불려 소금간 하지 않고 1회 빻은 찹쌀가루이다).
2) 불린 서리태는 삶거나 쪄서 사용하고, 호박고지는 물에 불려서 사용하시오.
3) 밤, 대추, 호박고지는 적당한 크기로 잘라서 사용하시오.
4) 부재료를 쌀가루와 잘 섞어 혼합한 후 찜기에 안치시오.
5) 떡반죽을 넣은 찜기를 물솥에 얹어 찌시오.

6) 완성된 쇠머리떡은 15×15cm 정도의 사각형 모양으로 만들어 자르지 말고 전량 제출하시오.

7) 찌는 찰떡류로 제조하며, 지나치게 물을 많이 넣어 치지 않도록 주의하여 제조하시오.

2. 지급재료 목록

번호	재료명	규격	단위	수량	비고
		송편			
1	멥쌀가루	멥쌀을 5시간 정도 불려 빻은 것	g	220	1인용
2	소금	정제염	g	5	1인용
3	서리태	하룻밤 불린 서리태 (겨울 10시간, 여름 6시간 이상)	g	80	1인용 (건서리태 40g 정도 기준)
4	참기름		mL	15	
		쇠머리떡			
5	찹쌀가루	찹쌀을 5시간 정도 불려 빻은 것	g	550	1인용
6	설탕	정백당	g	60	1인용
7	서리태	하룻밤 불린 서리태 (겨울 10시간, 여름 6시간 이상)	g	110	1인용 (건서리태 60g 정도 기준)
8	대추		개	5	1인용
9	밤	겉껍질, 속껍질 제거한 밤	개	5	1인용
10	마른 호박고지	늙은호박(또는 단호박)을 썰어서 말린 것	g	25	1인용
11	소금	정제염	g	7	1인용
12	식용유		mL	15	1인용
13	세척제	500g	개	1	30인 공용

※ 국가기술자격 실기시험 지급재료는 시험 종료 후(기권, 결시자 포함) 수험자에게 지급하지 않습니다.

떡제조기능사 실기시험

송편

만드는 방법

1 지급받은 서리태 확인하고 전처리하기

지급받은 서리태가 물에 불려진 정도를 확인하고 몇 분 정도 삶아야 할 지를 먼저 결정한다. 송편에 들어가는 서리태는 콩설기용 서리태보다 조금 더 삶아주는 것이 좋다.

❶ 지급된 소금양 중에서 쌀가루에 넣을 양을 계량하고 남는 소금 일부를 넣고 서리태를 삶아준다.

송편의 경우 서리태가 익지 않아서 떨어지는 경우가 많다. 지급된 서리태 상태를 보아 10~20분 정도 삶아주는 것이 좋다.

❷ 서리태가 삶아지면 삶았던 물은 버리고 체에 올린 채로 찬물로 헹궈 열기를 빼준다.

❸ 서리태에 수분이 있는 상태로 송편소로 사용하면 송편을 찌는 동안 터져버릴 수 있기 때문에 열기를 뺀 삶은 서리태는 키친타월 위에 올려 여분의 수분을 빼준다.

❹ 수분 제거된 서리태는 총무게를 재어보고 12로 나눈 무게를 계산해 본다.

❺ 계산된 g만큼 송편 한 개의 소로 넣어야 한다.

2 쌀가루 체에서 내리기

❶ 제공된 소금을 쌀가루에 넣고 체에서 내려준다.

❷ 쌀가루를 체에서 내릴 때는 다섯 손가락을 모두 이용해 쌀가루 잘 비벼주면서 내린다. 혹, 제공된 소금을 물에 녹여서 쌀가루에 넣을 경우에는 쌀가루만 먼저 체에서 내려준다.

3 쌀가루 익반죽하기

송편 반죽을 할 때는 끓는 물로 익반죽을 해야 한다.

❶ 뜨거운 물을 쌀가루에 넣어 빠르게 섞어준다.

이때, 본인에게 주어진 멥쌀가루 상태를 확인하는 것이 아주 중요하다.
멥쌀가루 자체에 수분이 많은 상태로 주어지는 경우도 있기 때문에 평소보다 물을 많이 필요로 하지 않을 수도 있다. 따라서 물 주는 부분에는 많은 신경을 써야 한다.
또한, 익반죽은 물의 온도가 중요하기 때문에 반드시 팔팔 끓는 물을 사용해야 하고, 반죽이 늦어질 경우 물의 온도 또한 낮아지기 때문에 반죽 끝나기 전까지는 냄비 속 물은 계속 끓고 있으면 좋다.

❷ 물의 온도가 낮아지면 다시 뜨거운 물을 조금씩 넣으면서 잘 치대면서 반죽해 준다.

❸ 반죽 일부를 떼어서 동그랗게 만들어보았을 때 부서지거나 갈라지면 수분이 부족한 것이다. 이때는 뜨거운 물을 보충해 줘야 한다.

반죽이 질면 송편 모양을 잡을 때 모양이 처질 수 있고, 손자국이 많이 생긴다. 반죽이 너무 되직하면 송편을 만들 때 옆면이 터지거나 반죽이 부서질 수 있다.

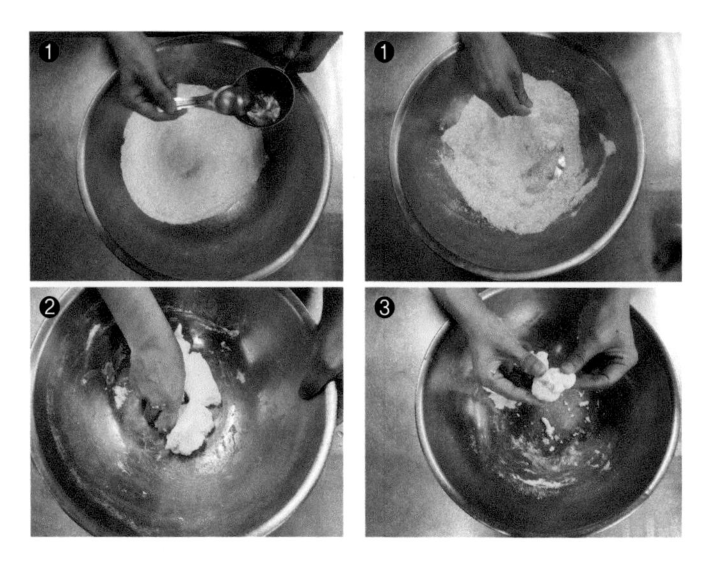

4 반죽 후 숙성하기

❶ 반죽 후 마름을 방지하기 위해 비닐에 넣어둔다.

이때, 본인 반죽이 되직하다 싶으면 면포를 뜨거운 물에 적셔 반죽을 싸두어도 좋다.

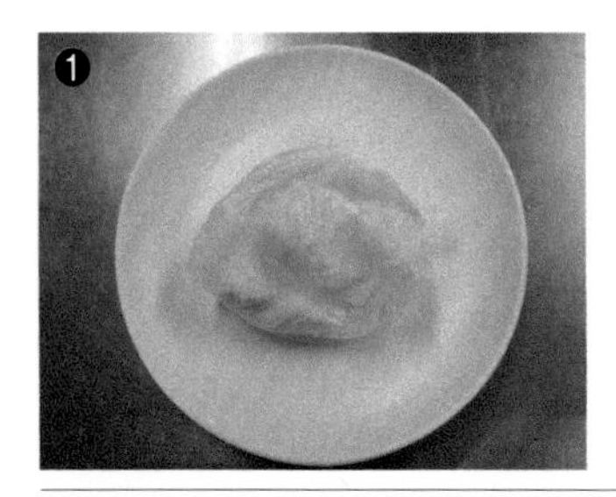

5 분할 전 반죽 총무게 재기

❶ 숙성 후 분할 전 총무게를 계량한 후 12로 나누었을 때 한 개의 무게를 알아본다.

이때, 쌀가루 반죽에 들어간 수분의 양에 따라 반죽무게는 그때그때 달라질 수도 있다.

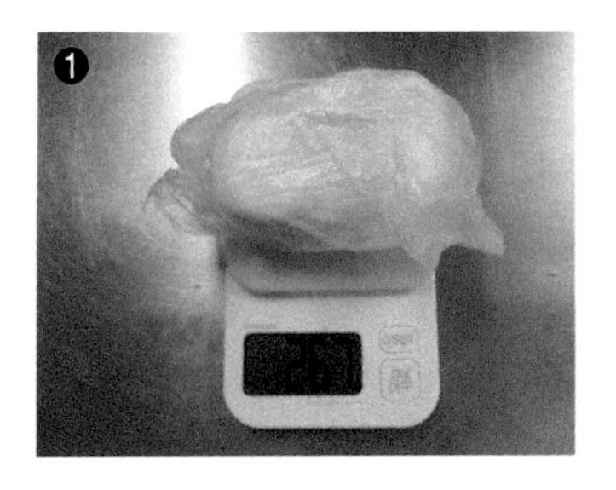

6 반죽을 12등분해 주기

❶ 반죽을 길게 늘려 12등분한다.

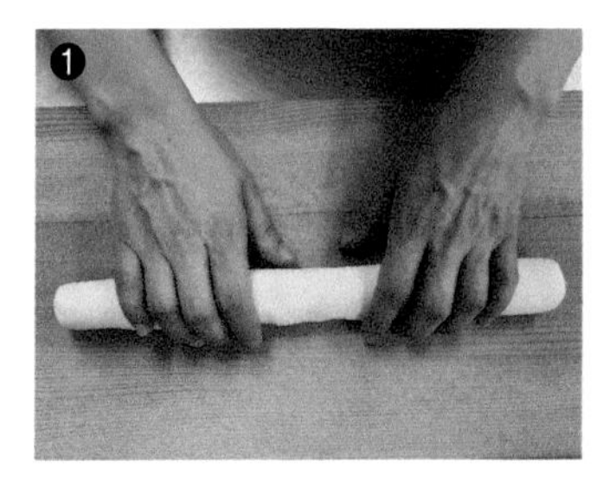

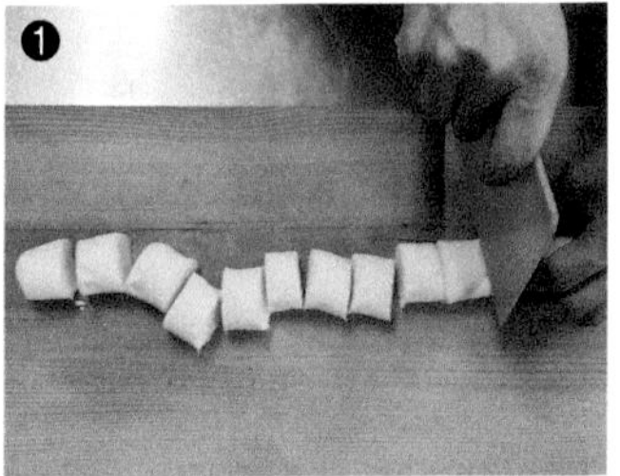

7 반죽을 저울에 올려 동일무게로 계량하기

❶ 12등분한 반죽을 다시 정확하게 저울에 올리면서 동일무게로 계량하면서 비닐 씌운 접시에 넣어준다.

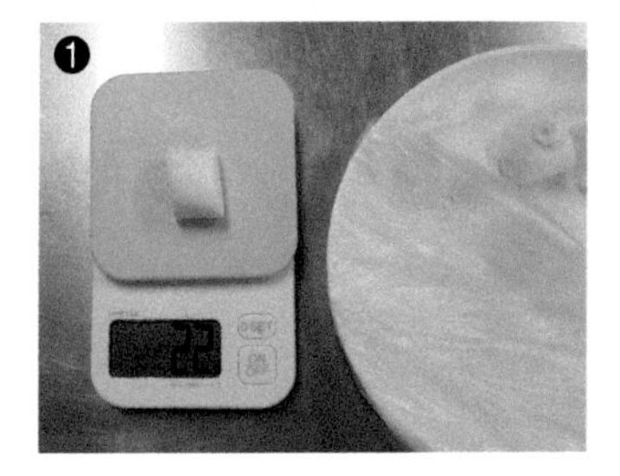

8 송편 만들기

❶ 반죽을 잘 치댄 후 서리태를 넣기 위해 반죽을 동그랗고 넓게 만들어준다. 이때, 밑면을 조금 더 도톰하게 만들어주어야 터짐을 방지할 수 있다. 그리고 반죽이 갈라지면 물이 부족한 것이다. 계량컵에 뜨거운 물을 준비해 두었다가 반죽이 갈라지면 반죽을 물에 한번씩 콕콕 찍은 후 다시 반죽을 치대는 방법도 있다. 이에 대

비해 송편을 모두 만들기 전까지는 항상 냄비 속에 뜨거운 물을 유지하는 것이 좋다.

❷ 넓게 편 반죽에 서리태를 넣고 윗부분을 잘 모아 접어준 후 한번 꼬옥 쥐어서 속에 들어 있는 공기를 빼준다.

❸ 서리태 넣은 반죽을 다시 동그랗게 만든 다음 손바닥을 이용해 살짝 옆으로 굴려 길이 5cm 정도의 타원형 모양을 잡아준다.

❹ 타원형 모양의 반죽 양끝을 손가락 3개를 이용해 살짝 꼬집어준다.

❺ 꼬집은 양끝을 엄지와 검지로 서로 연결시켜 주면서 송편을 만들어준다.

❻ 완성된 송편의 길이가 5cm, 높이가 3cm이므로 송편을 만들 때 본인 손 기준으로 어느 정도인지를 기억해 두는 것이 좋다.

❼ 만든 송편을 접시에 넣을 때 밑부분을 살짝 눌러주어야 찜기에 넣을 때 쓰러지지 않고 안정감이 있다.

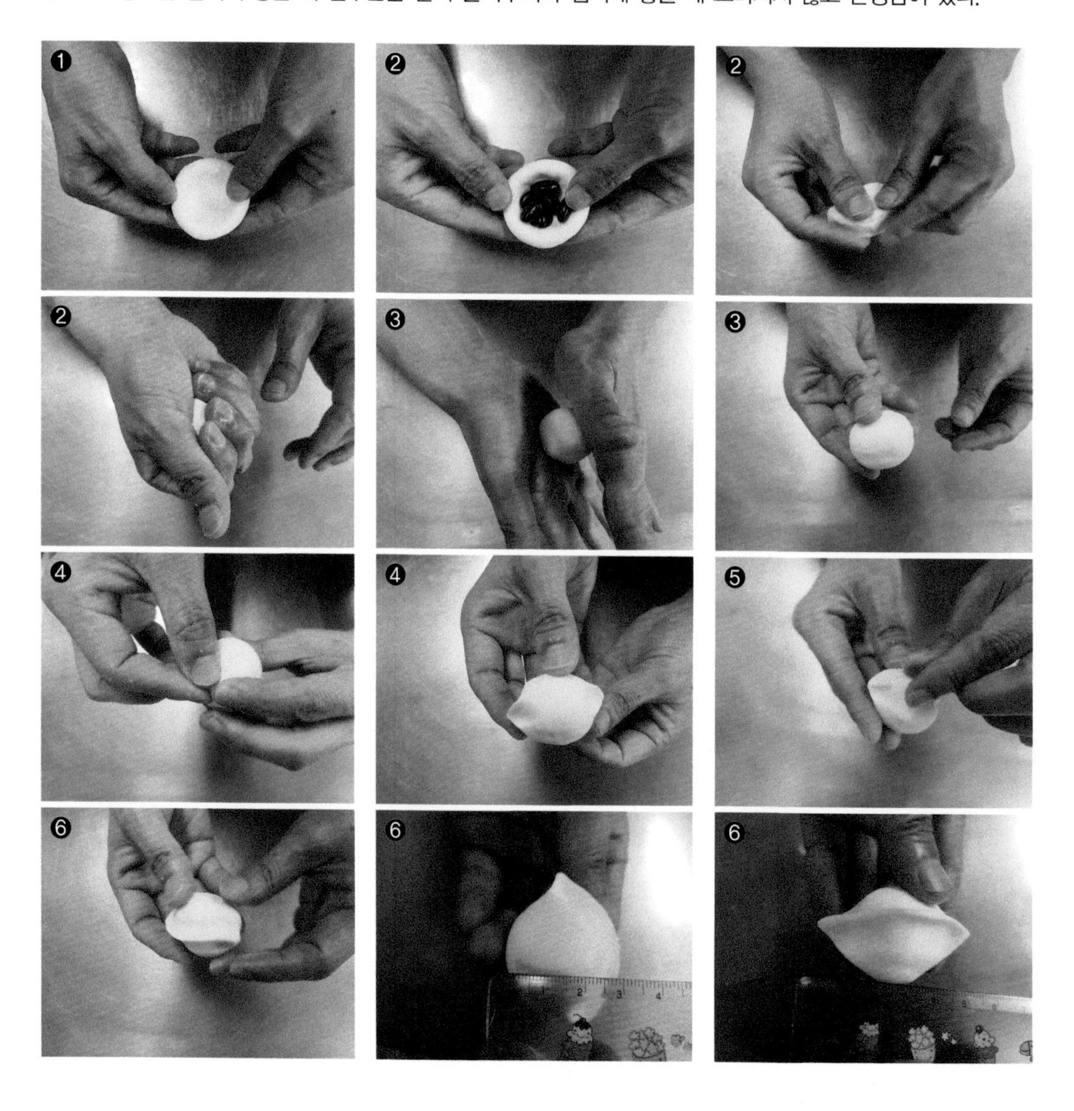

9 송편 찌기

❶ 김 오른 찜통에 넣어 20분간 쪄준다. 송편이 쪄지는 동안 찬물과 위생장갑, 참기름, 실리콘 붓을 준비해 둔다.

10 송편 완성하기

❶ 쪄낸 송편은 찬물을 끼얹은 후 위생장갑을 끼고 접시에 옮겨 담는다.

❷ 접시에 옮겨 담은 송편은 실리콘 붓을 이용해 참기름을 발라준 후 위생장갑을 끼고 참기름 바른 송편을 제출접시에 옮겨 담아 완성시킨다.

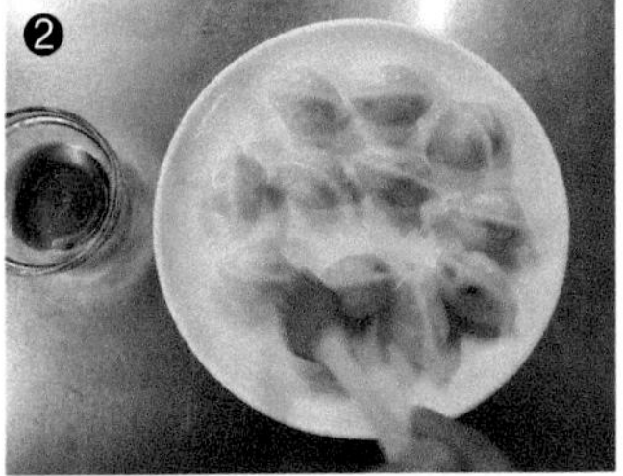

쇠머리떡

만드는 방법

1 지급받은 부재료 확인하고 전처리하기

❶ 지급된 대추가 단단하게 마른 대추이면 뜨거운 물에 담가놓고, 촉촉하게 마른 대추이면 젖은 면포로 닦아 불순물만 제거해 준다.

❷ 지급된 호박고지가 단단하게 마른 호박고지이면 뜨거운 설탕물에 담가놓고, 촉촉하게 마른 호박고지이면 물을 살짝 묻히는 정도로만 씻어낸 후 물기를 꼭 짜고 설탕을 조금만 버무려준다.

이때, 설탕은 쌀가루에 제공된 설탕을 계량하고 남은 것을 사용한다.

❸ 호박고지가 너무 부드럽게 불려지거나 수분이 많으면 쪄낸 쇠머리떡의 호박고지가 많이 뭉개져 있어서 보기에도 좋지 않다.

❹ 밤은 갈변을 방지하기 위해 재료 씻을 때 물에 담가둔다.

❺ 지급받은 서리태는 물에 불려진 정도를 확인하고 5~10분 정도 삶아주는 것이 좋다.

❻ 서리태가 삶아지면 삶았던 물은 버리고 체에 올린 채로 찬물에 헹궈 열기를 빼준다.

2 부재료 손질하기

❶ 대추는 젖은 면포로 물기와 불순물을 제거해 준다.

❷ 돌려깎기하여 대추씨를 제거한 다음 대추는 크기에 따라 4~6등분을 해준다.

❸ 지급된 밤의 크기에 따라 큰 것은 6등분, 작은 것은 4등분으로 균일하게 잘라준다.

❹ 수분을 제거한 호박고지도 한번만 반으로 잘라준다.

❺ 부재료들은 한 접시에 담아 준비해 둔다.

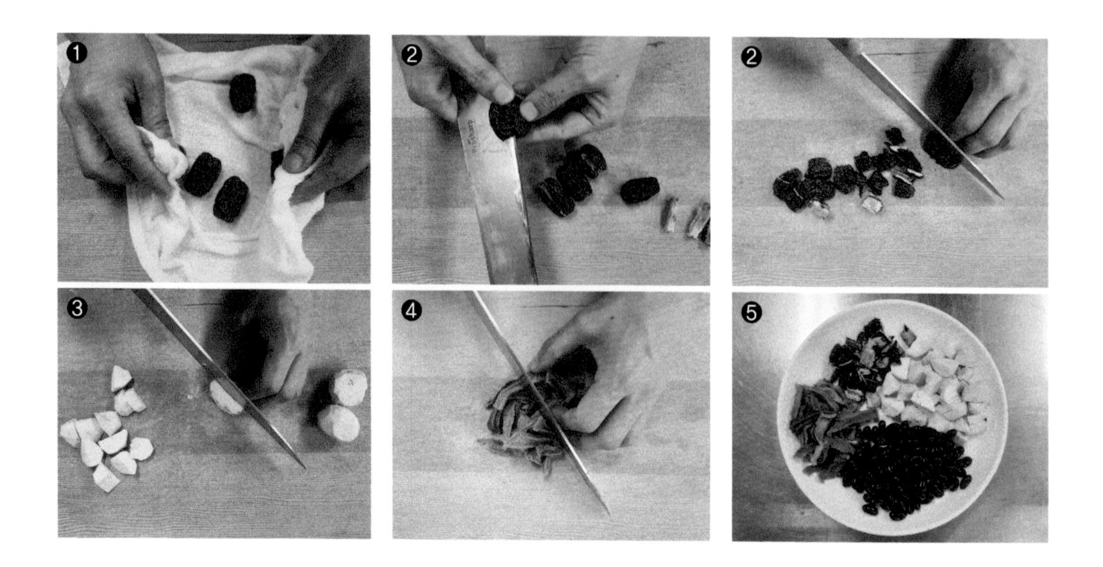

3 쌀가루 체에서 내리기

❶ 계량한 찹쌀가루에 계량한 소금을 넣어 고르게 잘 비벼준 후 체에서 내린다.

❷ 소금을 쌀가루에 직접 넣고 체에서 내린 후 물을 주는 방법도 있고, 소금을 물에 녹여 넣고 수분을 맞추는 방법도 있다.

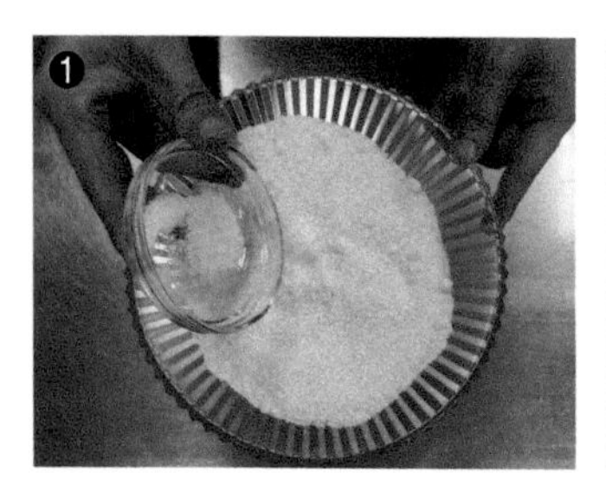

4 지급받은 찹쌀가루 상태 확인하고 물 주기

찹쌀가루에 물 주기하는 동안 물솥에 1/2 정도 물을 채우고 불에 올려놓는다.

❶ 지급된 찹쌀가루를 손으로 쥐어보아 찹쌀가루 속의 수분상태를 반드시 확인하고 물 주기를 한다.

지급되는 찹쌀가루는 지급 시점마다 쌀가루 속의 수분상태가 다를 수 있다고 생각해야 한다. 특히, 찹쌀가루는 수분을 보충하지 않고 찹쌀가루 속의 수분만으로도 떡을 쪄낼 수 있다.

❷ 찹쌀가루에 물을 주면서 손으로 고르게 잘 비벼준다.

물 주기를 끝낸 찹쌀가루는 체에서 내리지 않는다. 찹쌀은 멥쌀과 달리 입자가 치밀해 퍼짐이 강하기 때문에 물 주기한 후 체에서 내리면 입자가 더 치밀해져서 찔 때 퍼짐이 더 커져 수증기가 올라오는 구멍을 막아 떡이 익지 않을 수 있기 때문이다.

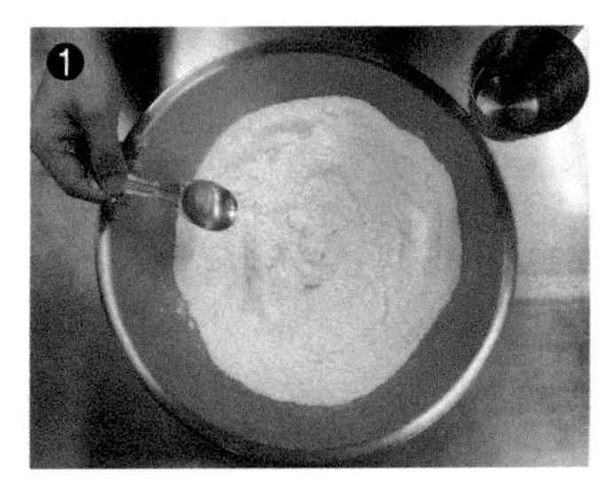

5 찜기에 면포 또는 시루밑 깔아주기

❶ 물에 적신 면포는 물기를 꼭 짠 후 나무찜기에 펼쳐 놓는다.

실리콘 시루밑도 물에 적신 후 수분을 털어내고 사용해도 된다.

❷ 떡이 익었을 때 면포에서 잘 떼어지도록 바닥에 계량하다 남은 여분의 설탕을 골고루 뿌려준다.

실리콘 시루밑을 사용할 때도 동일한 방법으로 한다.

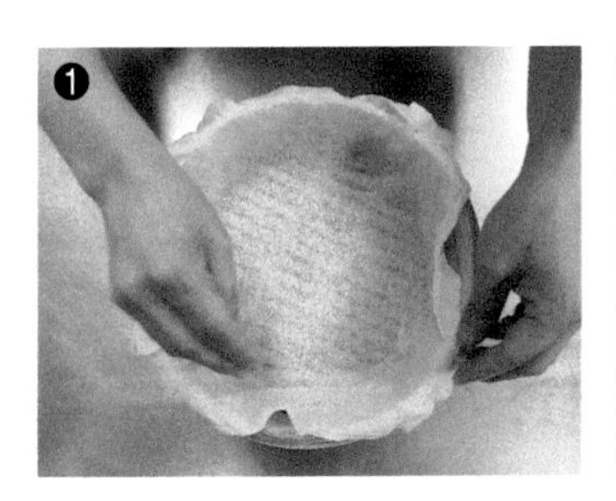

6 부재료 일부를 찜기 바닥에 넣기

❶ 바닥 부분에 부재료 일부를 골고루 펴 넣는다.

7 찹쌀가루에 설탕 넣기

❶ 찹쌀가루에 설탕을 넣고 가볍게 섞어준다.

8 부재료 섞기

9 주먹 쥐어 안치기

❶ 살살 버무리듯 섞어준 후 바로 주먹 쥐어 안치기를 한다. 주먹을 너무 꽉 쥐면 안 되고 가볍게 살짝 쥐어주는 것이 좋다. 쌀가루를 모두 넣은 후에도 중간중간 쌀가루들을 밀어서 숨구멍을 다시 한 번 만들어준다. 찹쌀가루는 퍼짐이 강하기 때문에 숨구멍을 만들어주지 않으면 김이 올라오는 구멍이 막혀 아무리 쪄도 떡이 익지 않는다.

❷ 김이 오른 물솥에 넣어 센 불에서 20분간 쪄준다.

10 미리 준비해 두기

❶ 떡이 쪄지는 동안 비닐팩을 뜯어 실리콘 붓으로 기름을 발라 준비해 둔다.

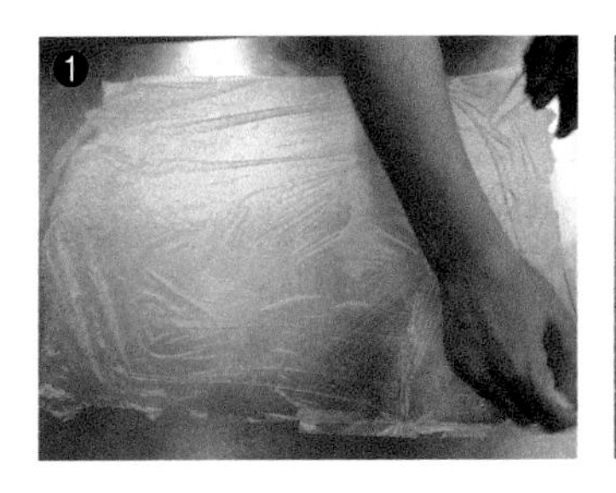

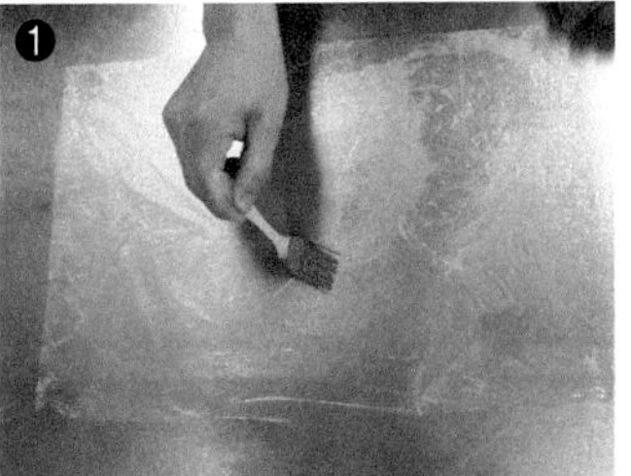

11 쪄낸 떡 익었는지 확인하기

❶ 20분간 떡이 쪄지면 바로 찜기를 내리지 말고 뚜껑을 열어 덜 익은 부분이 없는지를 먼저 확인해 본다.

젓가락으로 떡을 헤집어보아 하얀 날가루가 보이면 떡이 덜 익은 것이다. 이때는 날가루가 보이는 부분에 실리콘 붓으로 물을 조금 뿌려준 후 뚜껑을 덮어 5분 정도 더 쪄준다.

12 모양 잡아 굳힌 후 완성하기

❶ 떡이 익은 것을 확인한 후 기름 바른 비닐팩에 스크레이퍼로 쏟아부어 모양을 잡아준다.

❷ 모양을 잡을 때 떡을 치대면 부재료들의 모양이 뭉개질 수 있으므로 주의한다.

쇠머리떡은 치대는 떡이 아니다.

❸ 제출 요구사항이 15×15cm의 정사각형이다. 일반적인 스크레이퍼의 크기와 거의 비슷한 점을 감안해 크기를 맞추면 된다.

❹ 쇠머리떡은 비닐을 벗기면 늘어질 것을 감안해 비닐에 싸둘 때는 요구사항 크기보다 조금 작게 모양을 잡아두는 것이 좋다.

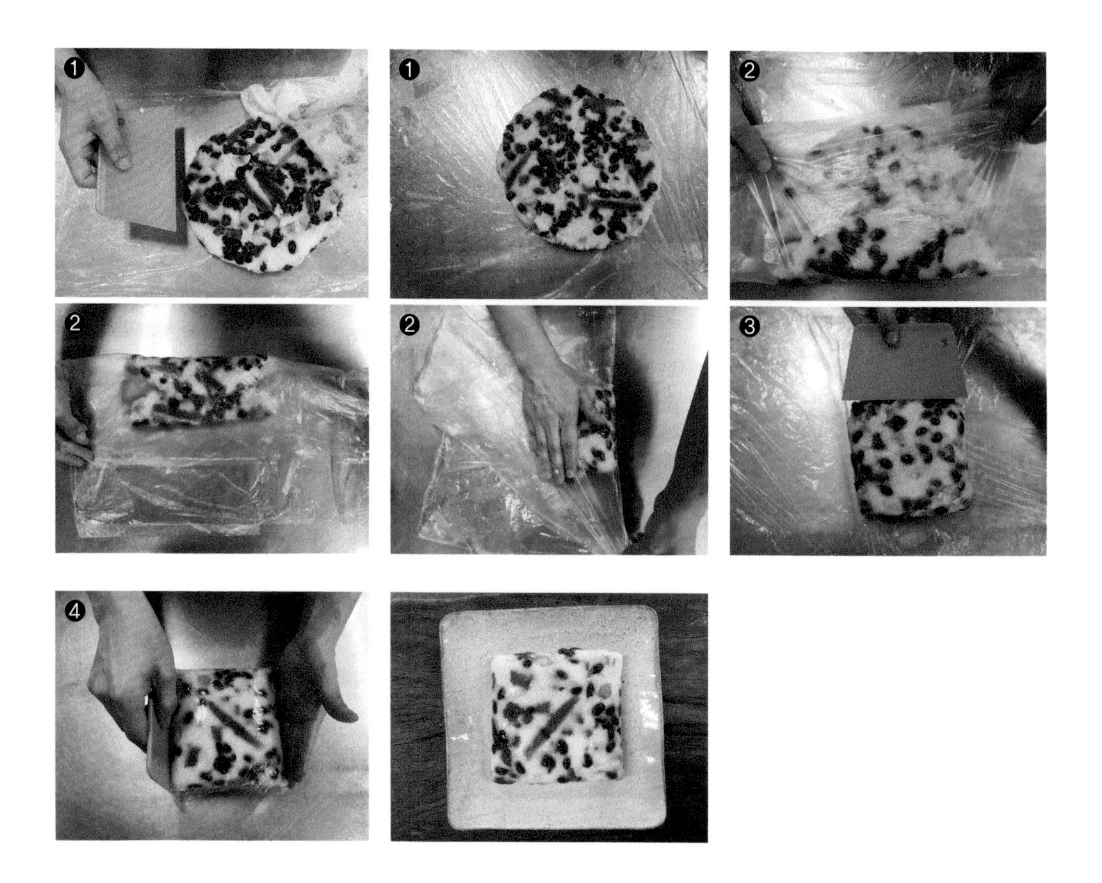
❶
❶
❷
2
❷
❸
❹

MEMO

무지개떡(삼색), 경단

시험시간 : **2시간**

1. 요구사항

※ 지급된 재료 및 시설을 사용하여 아래 2가지 작품을 만들어 제출하시오.

가. 무지개떡(삼색)을 만들어 제출하시오.

1) 떡 제조 시 물의 양은 적정량으로 혼합하여 제조하시오(단, 쌀가루는 물에 불려 소금간 하지 않고 2회 빻은 멥쌀가루이다).
2) 삼색의 구분이 뚜렷하고 두께가 같도록 떡을 안치고 8등분으로 칼금을 넣으시오.

재료명	비율(%)	무게(g)
멥쌀가루	100	750
설탕	10	75
소금	1	8
물	-	적정량
치자	-	1(개)
쑥가루		3
대추		3(개)
잣	-	2

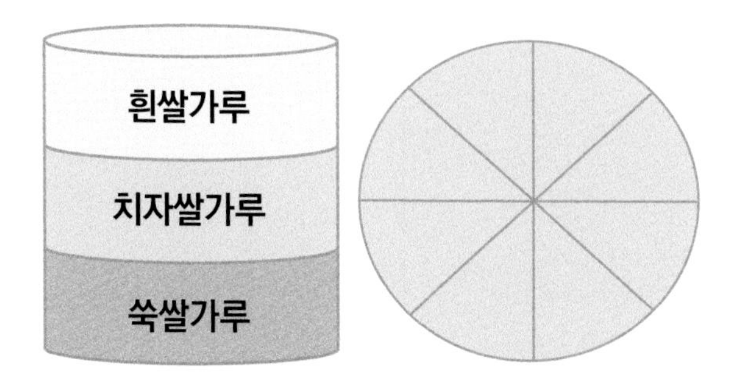

〈삼색 구분, 두께 균등〉 〈8등분 칼금〉

3) 대추와 잣을 흰쌀가루에 고명으로 올려 찌시오(잣은 반으로 쪼개어 비늘잣으로 만들어 사용하시오).
4) 고명이 위로 올라오게 담아 전량 제출하시오.

나. 경단을 만들어 제출하시오.

1) 떡 제조 시 물의 양을 적정량으로 혼합하여 반죽을 하시오(단, 쌀가루는 물에 불려 소금간 하지 않고 1회 빻은 찹쌀가루이다).

재료명	비율(%)	무게(g)
찹쌀가루	100	200
소금	1	2
물	-	적정량
볶은 콩가루	-	50

2) 찹쌀가루는 익반죽하시오.

3) 반죽은 직경 2.5~3cm 정도의 일정한 크기로 20개 이상 만드시오.

4) 경단은 삶은 후 고물로 콩가루를 묻히시오.

5) 완성된 경단은 전량 제출하시오.

2. 지급재료 목록

번호	재료명	규격	단위	수량	비고
		무지개떡(삼색)			
1	멥쌀가루	멥쌀을 5시간 정도 불려 빻은 것	g	800	1인용
2	설탕	정백당	g	100	1인용
3	소금	정제염	g	10	1인용
4	치자	말린 것	개	1	1인용
5	쑥가루	말려 빻은 것	g	3	1인용
6	대추	(중)마른 것	개	3	1인용
7	잣	약 20개 정도(속껍질 벗긴 통잣)	g	2	1인용
		경단			
8	찹쌀가루	찹쌀을 5시간 정도 불려 빻은 것	g	220	1인용
9	소금	정제염	g	10	1인용
10	콩가루	볶은 콩가루	g	60	1인용 (방앗간 인절미용 구매)
11	세척제	500g	개	1	30인 공용

※ 국가기술자격 실기시험 지급재료는 시험 종료 후(기권, 결시자 포함) 수험자에게 지급하지 않습니다.

떡제조기능사 실기시험

무지개떡(삼색)

만드는 방법

1 지급받은 부재료 확인하고 전처리하기

❶ 치자는 반으로 칼집 넣어 따뜻한 물에 담가둔다.

❷ 지급된 대추가 단단하게 마른 대추이면 뜨거운 물에 담가놓고, 촉촉하게 마른 대추이면 젖은 면포로 닦아 불순물만 제거해 준다.

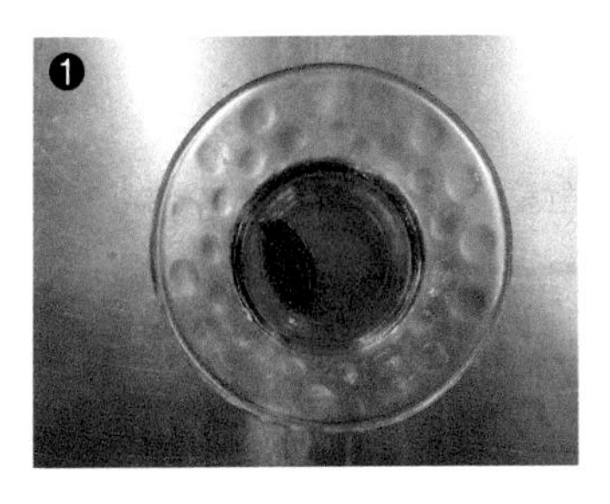

2-1 부재료 손질하기(대추 손질)

❶ 대추는 젖은 면포로 물기와 불순물을 제거해 준다.

❷ 돌려깎기하면서 대추씨를 제거해 준다.

❸ 씨를 제거한 대추는 밀대로 밀어 속살을 얇게 해준 후 돌돌 말아 썰어준다.

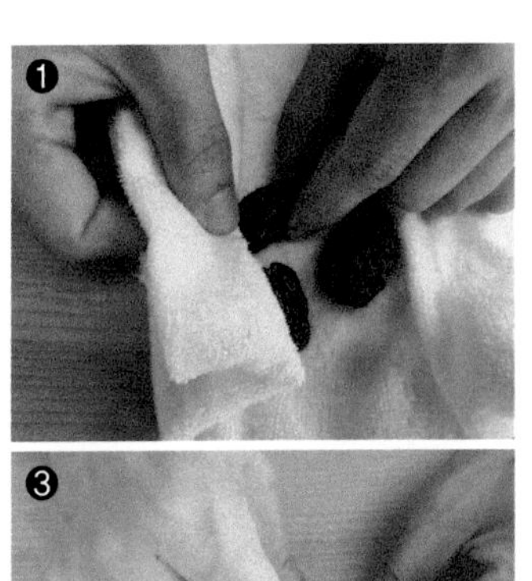

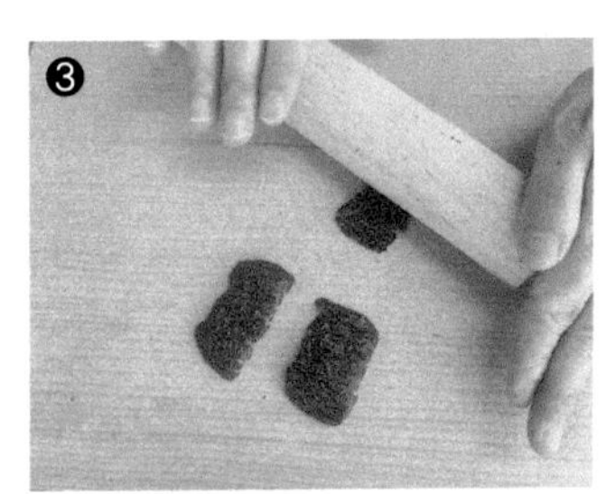

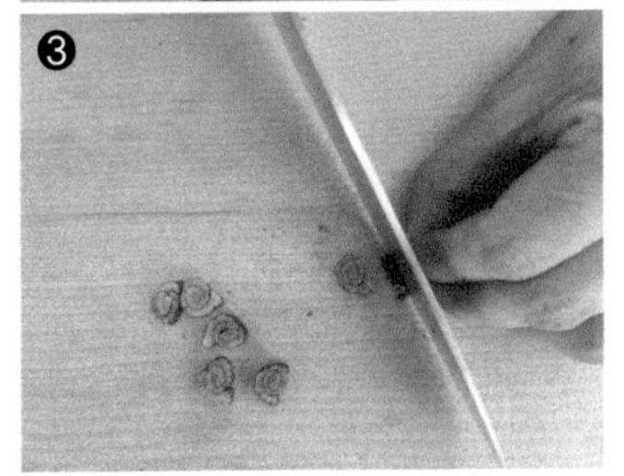

2-2 부재료 손질하기(잣 손질)

❶ 잣은 키친타월을 사용해 기름기와 불순물을 제거해 준다.

❷ 잣에 붙어 있는 고깔도 깨끗하게 제거해 준다.

❸ 기름기와 고깔을 제거한 잣은 반으로 쪼개어 비늘잣을 만들어준다.

비늘잣을 만들 때는 잣을 검지손가락에 올려놓고 반으로 쪼개는 방법도 있고, 잣을 도마 위에 올려놓고 반으로 쪼개는 방법도 있는데, 잣이 부서지지 않도록 만드는 것이 중요하다.

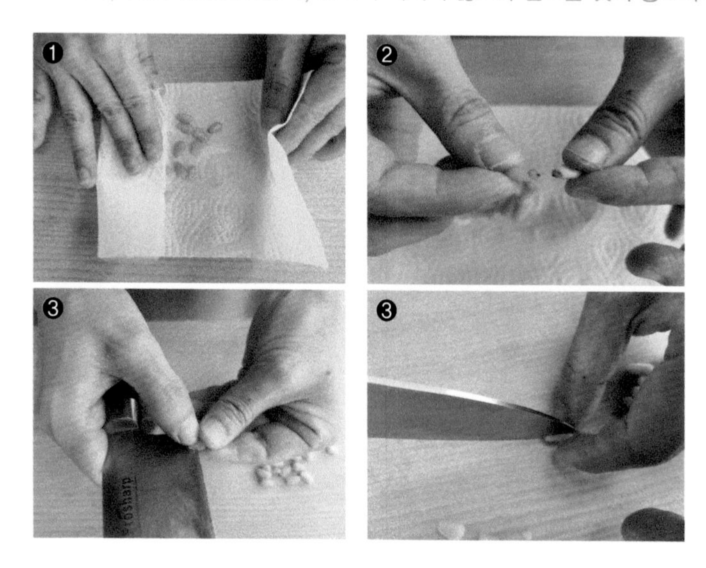

3 쌀가루 체에서 내리기

❶ 계량한 멥쌀가루 750g에 계량한 소금 7.5g을 넣고 고르게 잘 비벼준 후 체에서 내린다.

❷ 소금 넣고 체에서 내린 750g의 쌀가루를 다시 250g씩 3등분을 해준다.

4 설탕 계량하기

❶ 설탕도 25g씩 3등분을 해준다.

5-1 흰 멥쌀가루에 물 주기

❶ 지급된 멥쌀가루를 손으로 잡아보아 쌀가루 속의 수분상태를 확인하고 수분을 준다.

지급되는 쌀가루는 지급 시점마다 쌀가루 속의 수분상태가 다를 수 있다.

❷ 멥쌀가루에 수분을 주면서 손으로 고르게 잘 비벼준다.

❸ 수분이 고르게 가도록 잘 비벼준 후 쌀가루를 가볍게 잡아 쥔 후 손바닥을 펼쳐서 가볍게 흔들어준다. 이때, 쌀가루가 완전히 부서지지 않고 살짝 반으로 쪼개질 정도면 물 주기가 적당한 것이다.

❹ 물 주기 끝낸 멥쌀가루는 체에서 3번 내려준다.

멥쌀가루는 입자가 거칠기 때문에, 떡을 부드럽게 만들려면, 체에서 여러 번 내려줄수록 입자가 부드러워진다.

5-2 멥쌀가루에 치자물로 수분 주기

❶ 치자물은 면포에 걸려준다.

❷ 멥쌀가루에 치자물을 주면서 손으로 고르게 잘 비벼준다.

❸ 수분이 고르게 가도록 잘 비벼준 후 쌀가루를 가볍게 잡아 쥔 뒤 손바닥을 펼치고 가볍게 흔들어준다. 이때, 쌀가루가 완전히 부서지지 않고 살짝 반으로 쪼개질 정도면 물 주기가 적당하다.

❹ 물 주기 끝낸 멥쌀가루는 체에서 3번 내려준다.

5-3 멥쌀가루에 쑥물 주기

❶ 멥쌀가루에 쑥가루를 넣고 잘 비벼준 후 수분을 준다.

❷ 수분이 고르게 가도록 잘 비벼준 후 쌀가루를 가볍게 잡아 쥔 후 손바닥을 펼쳐서 가볍게 흔들어준다. 이때, 쌀가루가 완전히 부서지지 않고 살짝 반으로 쪼개질 정도면 물 주기가 적당한 것이다.

❸ 물 주기 끝낸 멥쌀가루는 체에서 3번 내려준다.

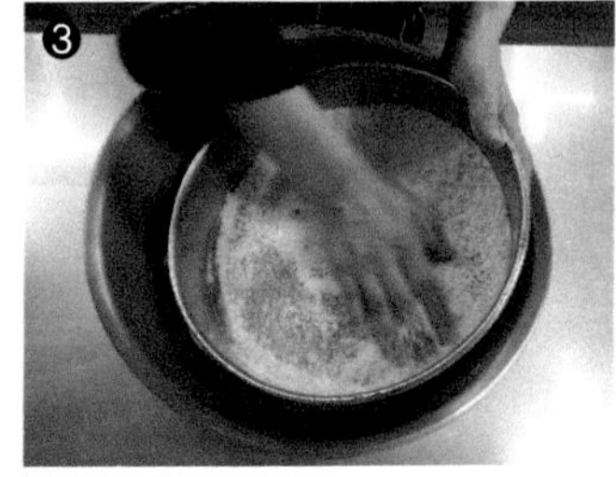

6 찜기에 삼색 쌀가루 안치기

❶ 체에서 내린 쑥쌀가루에 설탕을 넣고 가볍게 섞는다.

❷ 시루밑에 설탕을 가볍게 뿌려준다.

❸ 먼저 쑥멥쌀가루를 넣고 스크레이퍼를 이용해 면을 편편하게 해준다.

❹ 체에서 내린 치자 쌀가루에 설탕을 넣고 가볍게 섞는다.

❺ 쑥멥쌀가루 위에 치자 멥쌀가루를 넣고 스크레이퍼를 이용해 면을 편편하게 해준다.

❻ 체에서 내린 흰쌀가루에 설탕을 넣고 가볍게 섞는다.

❼ 쑥멥쌀가루 위에 치자 멥쌀가루, 그 위에 흰 멥쌀가루 넣고 스크레이퍼를 이용해 면을 편편하게 해준다.

❽ 찜기에 넣은 쌀가루를 칼을 사용해 8등분해 준다.

❾ 대추와 비늘잣으로 장식을 해준다.

7 나무찜기 뚜껑 면포로 싸기

❶ 찜기 뚜껑을 면포로 잘 감싸준다.

설기떡을 쪄낼 때는 뚜껑을 면포로 싸주어야 떡에 물이 떨어지는 것을 방지할 수 있다.

❷ 팔팔 끓으면서 물솥에 김이 올라오면 뚜껑 덮은 찜기를 올려 센 불에서 20분간 쪄내고 불을 끈 후 5분간 뜸들이기를 해준다.

8 **담아 제출하기**

❶ 접시를 찜기 위에 덧대어 올린 뒤 한 번 뒤집어준다.

❷ 면포 또는 시루밑을 조심스레 떼어낸다.

이때, 잘 떼어지지 않으면 물을 살짝 적셔주는 방법도 있다.

❸ 제출접시를 찜기 위에 덧대어 올리고 한 번 더 뒤집어준다.

경단

만드는 방법

1 쌀가루 체에서 내리기

❶ 제공된 소금을 쌀가루에 넣고 체에서 내려준다.

이때, 다섯 손가락을 모두 이용하여 쌀가루를 잘 비벼주면서 내린다. 혹, 제공된 소금을 물에 녹여 쌀가루에 넣을 경우 쌀가루만 체에서 내려준다.

2 쌀가루에 뜨거운 물 주면서 익반죽하기

❶ 뜨거운 물을 쌀가루에 넣어 빠르게 섞어준다.

이때, 본인에게 주어진 찹쌀가루 상태를 확인하는 것이 아주 중요하다.
찹쌀가루 자체에 수분이 많은 상태로 주어지는 경우도 있기 때문에 평소보다 물을 많이 필요로 하지 않을 수도 있고, 반죽할수록 찰지기 때문에 물 주는 부분에는 많은 신경을 써야 한다.
또한, 익반죽은 물의 온도가 중요하기 때문에 반드시 팔팔 끓는 물을 사용해야 하고, 반죽이 늦어질 경우 물의 온도 또한 낮아지기 때문에 반죽 끝나기 전까지는 냄비 속에서 물은 계속 끓고 있으면 좋다.

❷ 물의 온도가 낮아지면 다시 뜨거운 물을 조금씩 넣으며 잘 치대면서 반죽해 준다.

❸ 반죽 일부를 떼어서 동그랗게 만들어보았을 때 부서지거나 갈라지면 수분이 부족한 것이다. 이때는 뜨거운 물을 보충해 줘야 한다.

❹ 반죽이 질면 동그란 경단 모양이 처질 수 있고, 반죽이 너무 되직하면 동그란 경단을 만들 때 옆면이 터지거나 반죽이 부서질 수 있으며, 끓는 물에 넣어 삶아냈을 때 경단의 가운데 부분이 익지 않을 수도 있다.

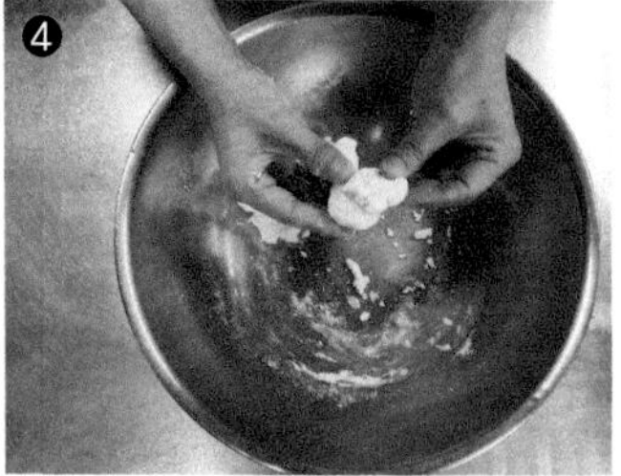

3 반죽 후 숙성하기

❶ 반죽 후 마름을 방지하기 위해 비닐에 넣어둔다.

이때, 본인 반죽이 되직하다 싶으면 면포를 뜨거운 물에 적셔 반죽을 싸두는 것도 좋다.

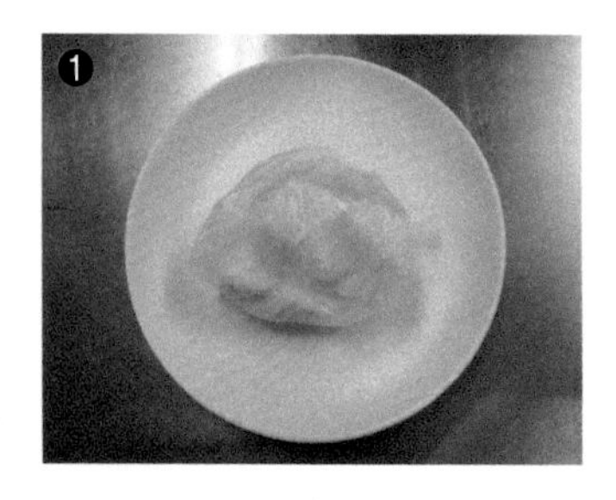

4 분할 전 반죽 총무게 재기

❶ 숙성 후 분할 전 총무게를 계량한 후 20으로 나누어 한 개의 무게를 알아본다.

이때, 쌀가루 반죽에 들어간 수분의 양에 따라 반죽무게는 그때그때 달라질 수도 있다.

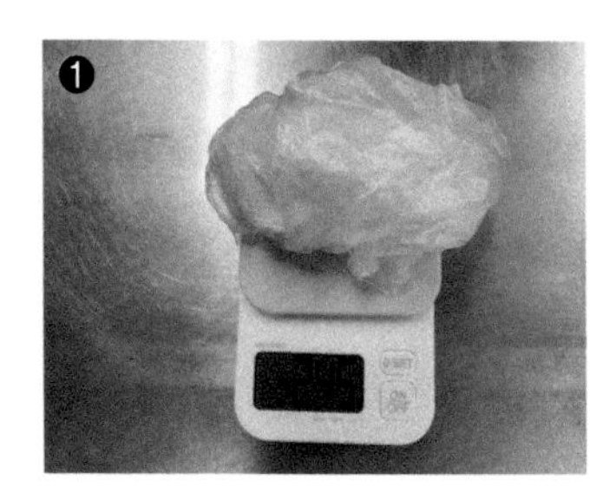

5 반죽을 20등분해 주기

❶ 반죽을 길게 늘려 20등분한다.

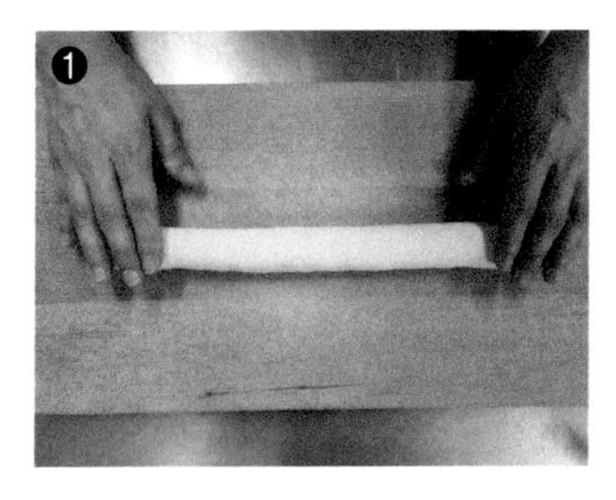

6 반죽을 저울에 올려 동일무게로 계량하기

❶ 20등분한 반죽을 다시 정확하게 저울에 올리면서 동일무게로 계량하면서 비닐 씌운 접시에 넣어준다.

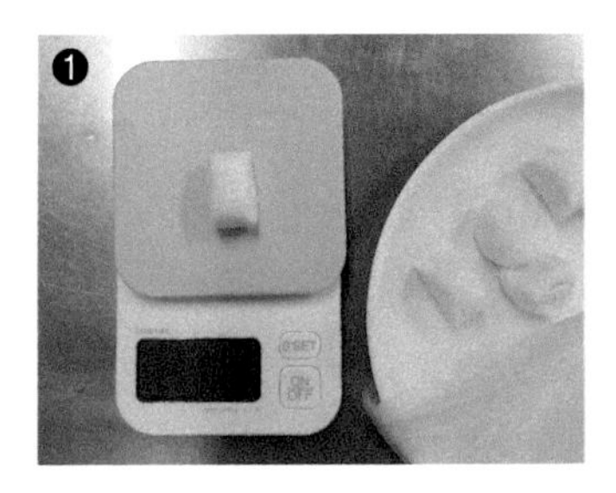

7 반죽을 동그랗게 만들기

❶ 냄비에 물을 넣어 끓이기 시작하면서 반죽을 동그랗게 만들기 시작한다.

❷ 반죽을 동그랗게 만드는 동안에도 계량해서 분할한 반죽은 계속 비닐 속에 넣어 수분이 날아가는 것을 방지해 준다.

이때, 동그랗게 만드는 과정에서 수분이 부족해 반죽이 갈라지면 계량컵에 뜨거운 물을 준비해 두었다가 반죽을 뜨거운 물에 콕 찍으면서 동그랗게 만들어내는 방법도 있다.

❸ 20개로 계량한 반죽을 하나씩 동그랗게 만들면서 비닐 씌운 접시에 넣는다.

이때, 접시에 비닐을 씌우지 않았을 경우 반죽이 접시에 붙어 반죽 일부가 뜯겨져 나갈 수 있다.

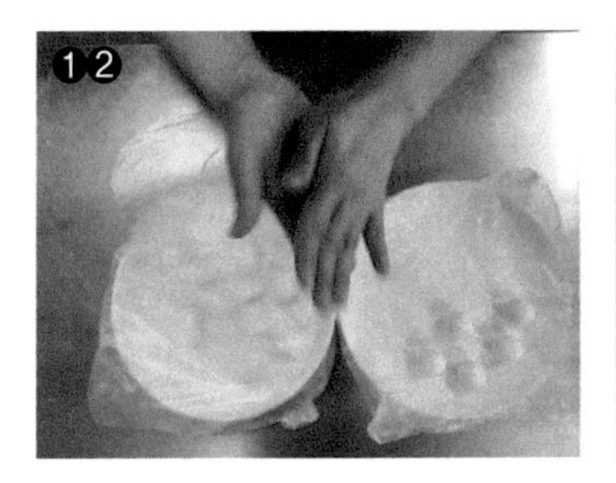

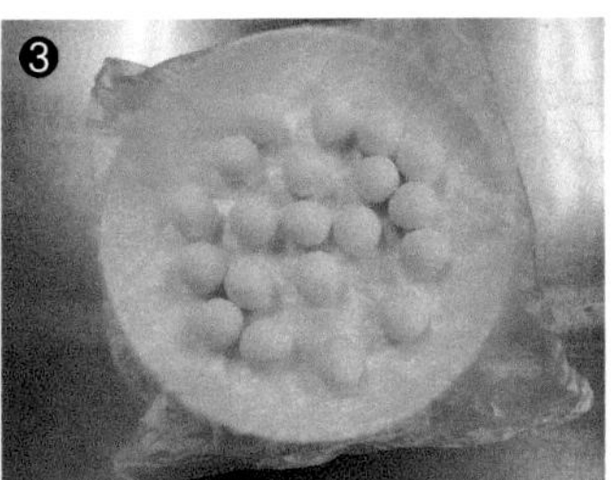

8 경단 삶아내기

❶ 경단을 하나씩 끓는 물에 넣으면서 젓가락으로 살살 저어준다. 이때, 불은 중불로 해준다.

❷ 경단을 삶으면서 경단이 익으면 넣을 찬물을 넣은 볼 2개, 건져낼 때 사용할 체, 콩고물은 체친 후 2개로 나누어 준비해 둔다.

❸ 경단은 반죽상태에 따라 익는 시간이 달라진다. 경단을 만든 정도의 반죽이 질었을 경우에는 반죽 자체에 수분이 많은 상태라 익는 시간도 짧다. 이때, 불이 세거나 오래 익히면 경단이 처지고 심하면 터져버리기도 한다. 반면, 경단을 너무 단단하게 만들면 반죽에 수분이 부족한 경우라 익는 시간이 오래 걸린다. 이때는 중불에서 서서히 익히면서 속까지 완전히 익혀야 한다.

❹ 경단이 물 위로 동동 떠오르면 한 개 정도를 체로 건져 경단이 단단하고 매끄러우며, 동그랗게 보이면 익지 않은 경우가 많다. 특히, 반죽을 단단하게 만들었을 경우는 더 주의해야 한다.

❺ 경단이 물 위로 동동 떠오르고 2분 정도가 지나 한 개 정도를 체로 건져 경단이 살짝 처져 있으면 익은 정도가 대부분 안전하다.

9 찬물에 냉각하기

❶ 삶아낸 경단을 미리 준비해 둔 차가운 물에 넣어 냉각시킨다.

❷ 찬물에 냉각시킨 경단을 다시 한번 더 찬물에 담가 냉각시키면서 열기를 빼준다.

10 콩고물 묻히기

❶ 2~3번 냉각시킨 경단은 체에 넣고 마른 면포 위에서 빙빙 돌리면서 수분을 최대한 제거해 준다.

❷ 수분을 제거한 경단은 콩고물 넣은 접시에 넣어준다.

❸ 경단은 콩고물 넣은 접시에 넣고 접시를 원형으로 돌리면서 경단에 콩고물이 잘 묻도록 해준다. 이때, 경단이 바닥에 떨어질 수 있으니 접시를 너무 세게 돌리지 않도록 주의한다.

❹ 손으로 경단을 잘 털어주면서 물로 인해 얼룩진 부분이 있는지 확인한다.

❺ 경단에 얼룩진 부분이 있거나, 콩고물이 잘 묻혀지지 않는 부분이 있으면 남겨둔 콩고물을 체를 이용해 다시 골고루 뿌려준다.

11 완성하기

완성품을 제출접시에 전량 담아 제출한다.

백편, 인절미

시험시간 : **2시간**

1. 요구사항

※ 지급된 재료 및 시설을 사용하여 아래 2가지 작품을 만들어 제출하시오.

가. 백편을 만들어 제출하시오.

1) 떡 제조 시 물의 양은 적정량으로 혼합하여 제조하시오(단, 쌀가루는 물에 불려 소금간 하지 않고 2회 빻은 멥쌀가루이다).
2) 밤, 대추는 곱게 채썰어 사용하고 잣은 반으로 쪼개어 비늘잣으로 만들어 사용하시오.
3) 쌀가루를 찜기에 안치고 윗면에만 밤, 대추, 잣을 고물로 올려 찌시오.
4) 고물을 올린 면이 위로 오도록 그릇에 담고 썰지 않은 상태로 전량 제출하시오.

재료명	비율(%)	무게(g)
멥쌀가루	100	500
설탕	10	50
소금	1	5
물	-	적정량
깐 밤	-	3(개)
대추	-	5(개)
잣	-	2

나. 인절미를 만들어 제출하시오.

1) 떡 제조 시 물의 양을 적정량으로 혼합하여 제조하시오(단, 쌀가루는 물에 불려 소금간 하지 않고 1회 빻은 찹쌀가루이다).
2) 익힌 찹쌀반죽은 스테인리스볼과 절굿공이(밀대)를 이용하여 소금물을 묻혀 치시오.
3) 친 인절미는 기름 바른 비닐에 넣어 두께 2cm 이상으로 성형하여 식히시오.
4) 4×2×2cm 크기로 인절미를 24개 이상 제조하여 콩가루를 고물로 묻혀 전량 제출하시오.

재료명	비율(%)	무게(g)
찹쌀가루	100	500
설탕	10	50
소금	1	5
물	-	적정량
볶은 콩가루	12	60
식용유	-	5
소금물용 소금	-	5

2. 지급재료 목록

번호	재료명	규격	단위	수량	비고
		백편			
1	멥쌀가루	멥쌀을 5시간 정도 불려 빻은 것	g	550	1인용
2	설탕	정백당	g	60	1인용
3	소금	정제염	g	10	1인용
4	밤	겉껍질, 속껍질 벗긴 밤	개	3	1인용
5	대추	(중)마른 것	개	5	1인용
6	잣	약 20개 정도(속껍질 벗긴 통잣)	g	2	1인용
		인절미			
7	찹쌀가루	찹쌀을 5시간 정도 불려 빻은 것	g	550	1인용
8	설탕	정백당	g	60	1인용
9	소금	정제염	g	10	
10	콩가루	볶은 콩가루	g	70	1인용 (방앗간 인절미용 구매)
11	식용유		mL	15	비닐에 바르는 용도
12	세척제	500g	개	1	30인 공용

※ 국가기술자격 실기시험 지급재료는 시험 종료 후(기권, 결시자 포함) 수험자에게 지급하지 않습니다.

떡제조기능사 실기시험

백편

만드는 방법

1 지급받은 부재료 확인하고 전처리하기

❶ 지급된 대추가 단단하게 마른 대추이면 뜨거운 물에 담가놓고, 촉촉하게 마른 대추이면 젖은 면포로 닦아 불순물만 제거해 준다.

❷ 밤은 갈변을 방지하기 위해 재료를 씻을 때 물에 담가둔다.

2-1 부재료 손질하기(대추 손질)

❶ 대추는 젖은 면포로 물기와 불순물을 제거해 준다.

❷ 돌려깎기하면서 대추씨를 제거해 준다.

❸ 씨를 제거한 대추는 밀대로 밀어 속살을 얇게 해준 후 가늘게 채썰어준다.

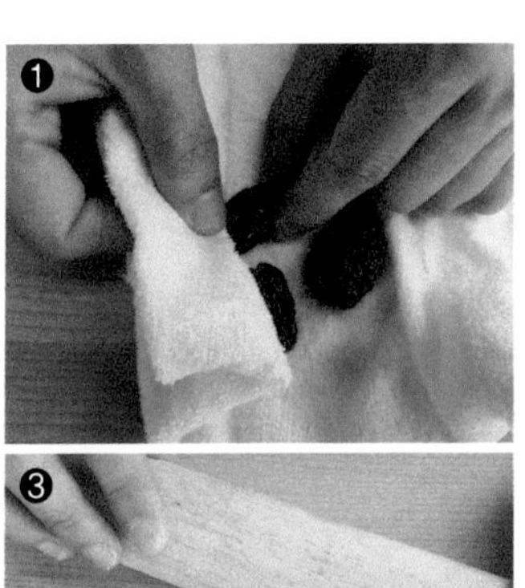

2-2 부재료 손질하기(밤 손질)

❶ 수분을 제거한 밤은 얇게 편썰기한 후 가늘게 채썰어준다.

2-3 부재료 손질하기(잣 손질)

❶ 잣은 키친타월을 사용해 기름기와 불순물을 제거해 준다.

❷ 잣에 붙어 있는 고깔도 깨끗하게 제거해 준다.

❸ 기름기와 고깔을 제거한 잣은 반으로 쪼개어 비늘잣을 만들어준다.

❹ 비늘잣을 만들 때는 잣을 검지손가락에 올려놓고 반으로 쪼개는 방법도 있고, 잣을 도마 위에 올려놓고 반으로 쪼개는 방법도 있는데, 잣이 부서지지 않도록 만드는 것이 중요하다.

❺ 손질한 부재료들은 한 접시에 담아 준비해 둔다.

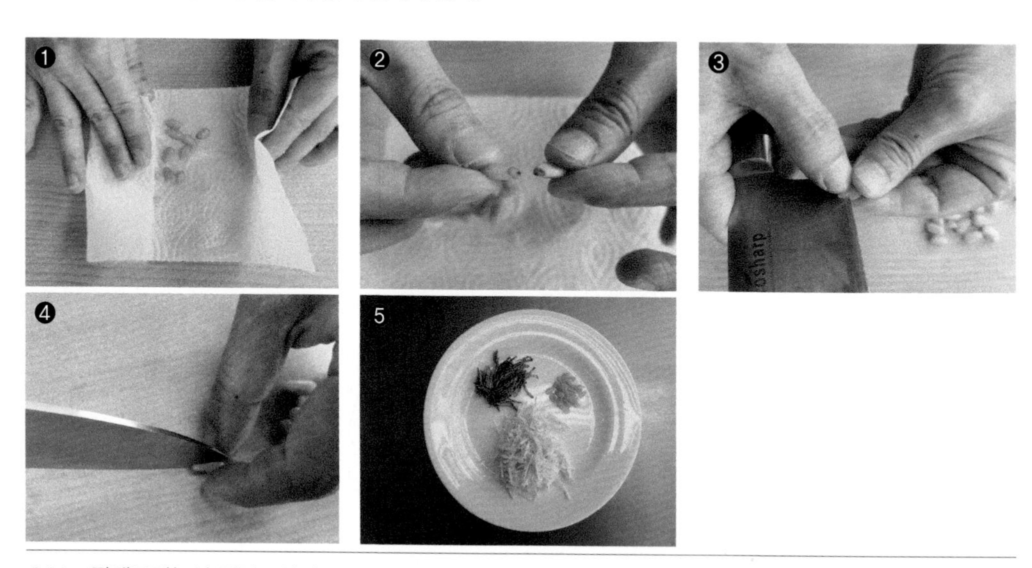

3 쌀가루 체에서 내리기

❶ 계량한 멥쌀가루에 계량한 소금을 넣고 고르게 잘 비벼준 후 체에서 내린다.

❷ 소금을 쌀가루에 직접 넣고 체에서 내린 후 수분을 주는 방법도 있고, 소금을 물에 녹여 넣고 수분을 맞추는 방법도 있다.

소금을 쌀가루에 직접 넣고 체에서 내릴 경우 소금이 한쪽으로 몰림 현상이 생겨 맛이 고르지 못할 경우가 있기 때문에 고르게 잘 비벼줘야 하고, 소금을 물에 녹여 사용할 경우에는 처음부터 많은 양의 물에 소금을 녹여버리면 떡이 싱겁거나, 질어질 경우가 있기 때문에 처음에는 예상물의 1/2 정도에 소금을 녹이고 수분을 준 후 부족한 물은 추가로 넣어 수분을 맞추어주어야 한다.

4 멥쌀가루에 물 주기

쌀가루에 물 주기하는 동안 물솥에 1/2 정도 물을 채우고 불에 올려놓는다.

❶ 지급된 멥쌀가루를 손으로 잡아보아 쌀가루 속의 수분상태를 확인하고 수분을 준다.

지급되는 쌀가루는 지급시점마다 쌀가루 속의 수분상태가 다를 수 있다고 생각해야 한다.
지급된 쌀가루 속의 수분상태를 확인하지 않고 연습했던 대로 수분을 한꺼번에 줄 경우 떡이 질어질 수 있다.

❷ 멥쌀가루에 수분을 주면서 손으로 고르게 잘 비벼준다.

❸ ②의 쌀가루를 가볍게 잡아 쥔 후 손바닥을 펼쳐서 가볍게 흔들어준다.

이때, 쌀가루가 부서지면 수분이 부족한 것이다.

❹ 부족한 수분 보충해 주기

❺ 수분을 고르게 주기 위해서는 수분을 주는 중간에 체에서 한번 내려주는 것이 좋다.

❻ 수분이 고르게 가도록 잘 비벼준 후 쌀가루를 가볍게 잡아 쥔 후 손바닥을 펼쳐서 가볍게 흔들어준다. 이때, 쌀가루가 완전히 부서지지 않고 살짝 반으로 쪼개질 정도면 물 주기가 적당하다.

5 물 주기한 멥쌀가루 체에서 내리기

❶ 물 주기를 끝낸 멥쌀가루는 체에서 3번 내려준다.

멥쌀가루는 입자가 거칠기 때문에, 떡을 부드럽게 만들려면, 체에서 여러 번 내려줄수록 입자가 부드러워진다.

6 찜기에 면포 또는 시루밑 깔아주기

❶ 쪄낸 떡이 시루밑에서 잘 떼어지도록 시루밑에 계량하다 남은 설탕을 살짝 뿌려준다.

쪄낸 백편에 수분이 생기지 않게 하기 위해서는 물솥의 물의 양을 1/2 정도로 하는 것도 중요하지만 가장 중요한 것은 찜기가 바싹 말라 있어야 한다는 것이다.

7 쌀가루에 설탕 넣기

❶ 멥쌀가루에 물 주기와 체에서 내리기가 끝나면 찜기에 올리기 바로 전에 쌀가루에 설탕을 넣고 가볍게 섞어준다.

8 찜기에 쌀가루 넣기

❶ 스크레이퍼를 사용해 윗면이 평평하도록 작업해 준다.

9 쌀가루 위에 부재료 올리기

❶ 쌀가루 위에 채썬 밤과 대추, 비늘잣을 골고루 올려준다.

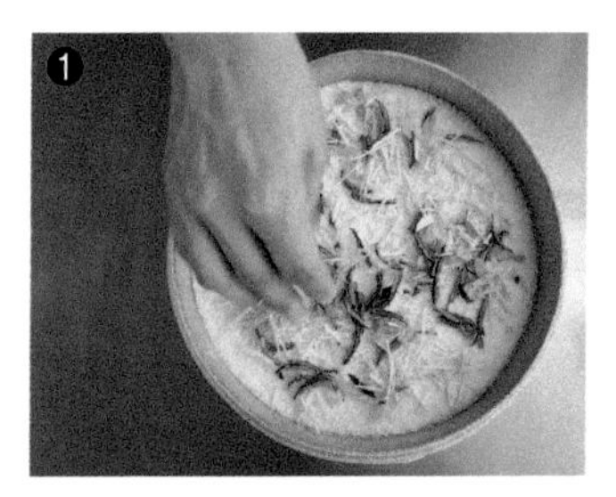

10 나무찜기 뚜껑 면포로 싸기

❶ 찜기 뚜껑을 면포로 잘 감싸준다.

설기떡을 쪄낼 때는 뚜껑을 면포로 싸주어야 떡에 물이 떨어지는 것을 방지할 수 있다.

❷ 물이 팔팔 끓으면서 물솥에 김이 올라오면 뚜껑 덮은 찜기를 올리고 센 불에서 20분간 쪄낸 뒤 불을 끈 후 5분간 뜸들이기를 해준다.

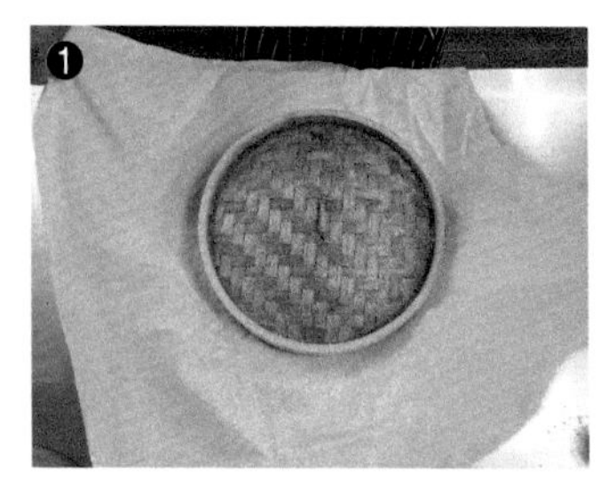

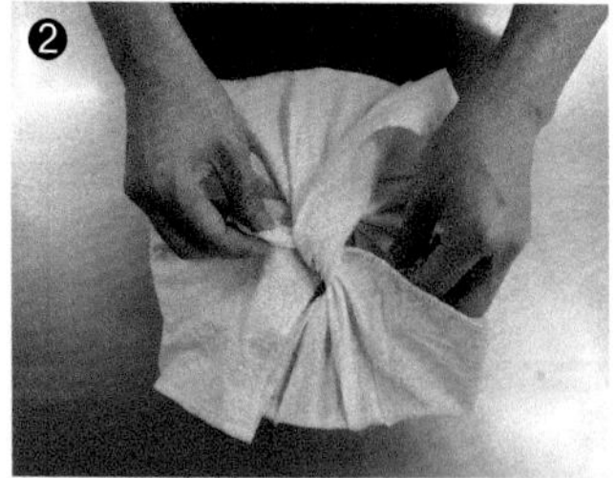

11 담아 제출하기

❶ 접시를 찜기 위에 덧대어 올리고 한 번 뒤집어준다.

❷ 면포와 시루밑을 조심스레 떼어낸다.

이때, 잘 떼어지지 않으면 물을 살짝 적셔주는 방법도 있다.

❸ 제출접시를 찜기 위에 덧대어 올리고 한 번 더 뒤집어준다.

MEMO

인절미

만드는 방법

1 쌀가루 체에서 내리기

❶ 계량한 찹쌀가루에 계량한 소금을 넣고 고르게 잘 비벼준 후 체에서 내린다.

❷ 소금을 쌀가루에 직접 넣고 체에서 내린 후 물을 주는 방법도 있고, 소금을 물에 녹여 넣고 수분을 맞추는 방법도 있다.

2 지급받은 찹쌀가루 상태 확인하고 물 주기

찹쌀가루에 물 주기하는 동안 물솥에 1/2 정도 물을 채우고 불에 올려놓는다.

❶ 지급된 찹쌀가루를 손으로 쥐어보아 찹쌀가루 속의 수분상태를 반드시 확인하고 물 주기를 한다.

지급되는 찹쌀가루는 지급시점마다 쌀가루 속의 수분상태가 다를 수 있다고 생각해야 한다. 특히, 찹쌀가루는 수분을 보충하지 않고 찹쌀가루 속의 수분만으로도 떡을 쪄낼 수도 있다.

❷ 찹쌀가루에 물을 주면서 손으로 고르게 잘 비벼준다.

물 주기를 끝낸 찹쌀가루는 체에서 내리지 않는다.

❸ 찹쌀은 멥쌀과 달리 입자가 치밀해 퍼짐이 강하기 때문에 물 주기한 후 체에서 내리면 입자가 더 치밀해져서 찔 때 퍼짐이 더 커져서 수증기가 올라오는 구멍을 막아 떡이 익지 않을 수 있다.

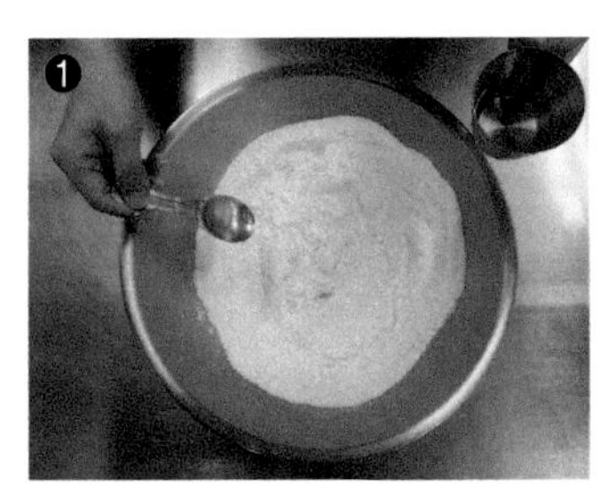

3 찜기에 면포 또는 시루밑 깔아주기

❶ 물에 적신 면포는 물기를 꼭 짠 후 나무찜기에 펼쳐 놓는다. 실리콘 시루밑도 물에 적신 후 수분을 털어내고 사용해도 된다.

❷ 떡이 익었을 때 면포에서 잘 떼어지도록 바닥에 계량하다 남은 여분의 설탕을 골고루 뿌려준다.
실리콘 시루밑을 사용할 때도 동일한 방법으로 한다.

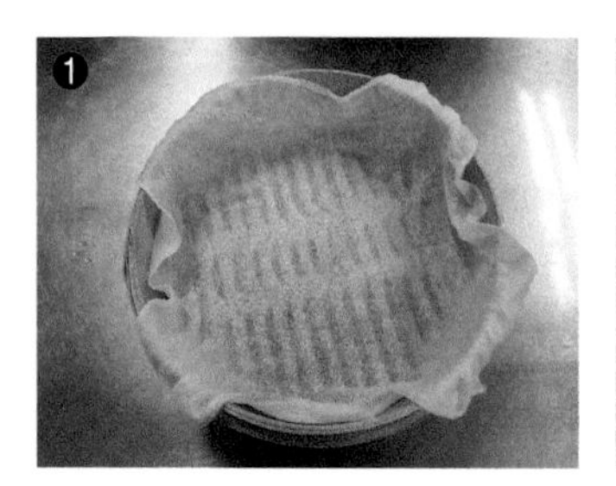

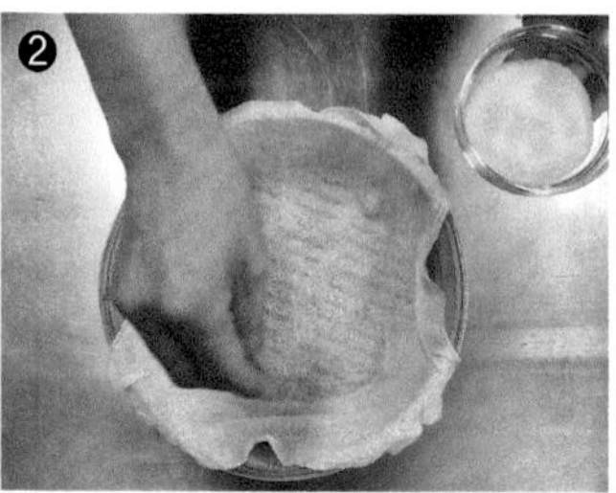

4 찹쌀가루에 설탕 넣기

❶ 찹쌀가루에 설탕을 넣고 가볍게 섞어준다.

5 주먹 쥐어 안치기

❶ 살살 버무리듯 섞어준 후 바로 주먹 쥐어 안치기를 한다. 주먹을 너무 꽉 쥐면 안 되고 가볍게 살짝 쥐어주는 것이 좋다. 쌀가루를 모두 넣은 후에도 중간중간 쌀가루들을 밀어서 숨구멍을 다시 한번 만들어준다. 찹쌀가루는 퍼짐이 강하기 때문에 숨구멍을 만들어주지 않으면 김이 올라오는 구멍이 막혀 아무리 쪄도 떡이 익지 않는다.

❷ 김이 오른 물솥에 넣어 센 불에서 20분간 쪄준다.

6 미리 준비해 두기

❶ 떡이 쪄지는 동안 스텐볼에 실리콘 붓으로 기름을 발라 준비해 둔다.

❷ 비닐팩에도 식용유 1티스푼 정도를 넣어 골고루 잘 비벼 준비해 둔다.

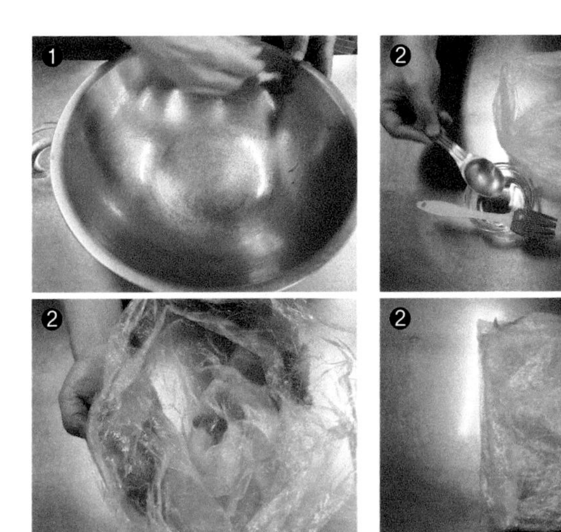

7 쪄낸 떡 익었는지 확인하기

❶ 20분간 떡이 쪄지면 바로 찜기를 내리지 말고 뚜껑을 열어 덜 익은 부분이 없는지를 먼저 확인해 본다.

❷ 젓가락으로 떡을 헤집어보아 하얀 날가루가 보이면 떡이 덜 익은 것이다. 이때는 날가루가 보이는 부분에 실리콘 붓으로 물을 조금 뿌려준 후 뚜껑을 덮어 5분 정도 더 쪄준다.

8 쪄낸 떡 치대기

❶ 쪄낸 찰떡은 기름칠한 스텐볼에 넣고, 소금물 묻힌 방망이로 잘 치대준다. 찰떡은 잘 치대야 쫄깃거리는 식감이 좋고, 모양 잡기도 좋다.

9 모양 잡아 굳히기

❶ 스텐볼에서 치댄 찰떡을 기름 바른 비닐팩에 넣어 한번 더 치대주고, 비닐팩 안에서 스크레이퍼를 이용해 모양을 잡아준다.

❷ 요구사항이 4cm×2cm 크기로 24개인 점을 감안해 찰떡의 전체 모양을 생각해 잡아준다.

❸ 16cm×12cm 크기로 잡아주는데 스크레이퍼 크기가 15cm인 점을 감안해 크기를 맞추어주면 된다.

❹ 또한, 찰떡은 비닐을 벗기면 늘어질 것을 감안해 비닐에 싸둘 때는 생각한 크기보다 조금 작게 모양을 잡아두는 것이 좋다.

❺ 모양을 잡기 위해서는 빨리 식히면서 굳히는 것이 좋다. 빨리 굳도록 하기 위해서는 비닐에 싼 찰떡을 젖은 면포에 싸두면서 자주 교체해 주는 것도 한 방법이다.

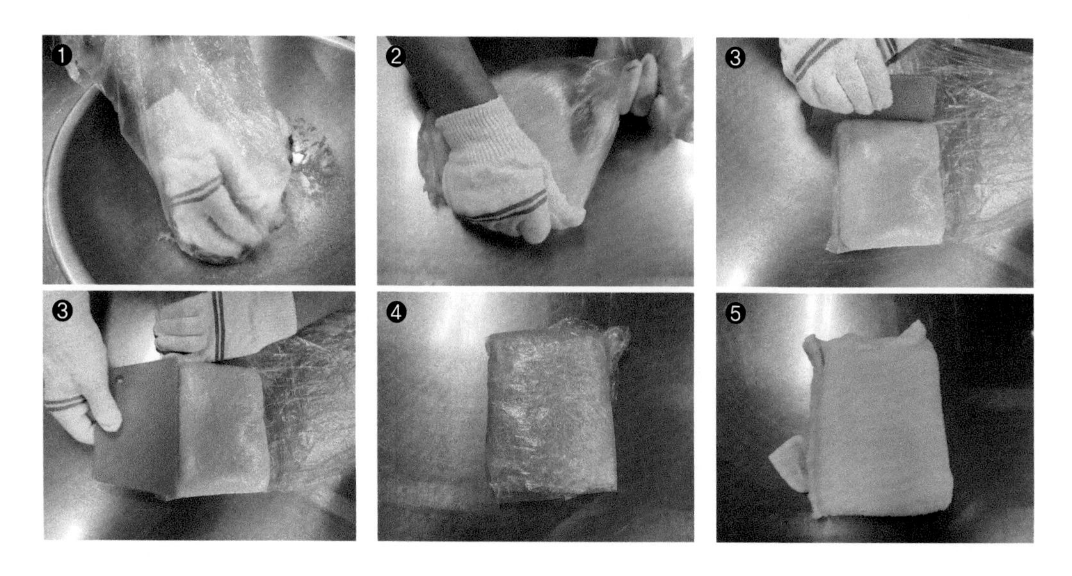

10 고물 묻혀 썰어주기

❶ 떡을 싸고 있는 비닐 양쪽을 잘라내고 스크레이퍼를 이용해 찰떡을 16cm×12cm 크기로 모양을 잡는다.

❷ 모양 잡은 찰떡 위에 체를 이용해 콩가루를 골고루 뿌려준다.

❸ 바깥쪽 튀어나온 부분의 찰떡을 아주 조금만 떼어낸다.

❹ 먼저 긴 쪽으로 4등분을 해준다. 긴 쪽이 16cm이므로 4등분하면 12cm×4cm로 4조각이 나오도록 해준다.

❺ 4등분한 것 12cm×4cm 한쪽을 다시 6등분씩 해준다.

❻ 인절미 한 개의 크기는 4cm×2cm×2cm로 24개를 제시해야 한다.

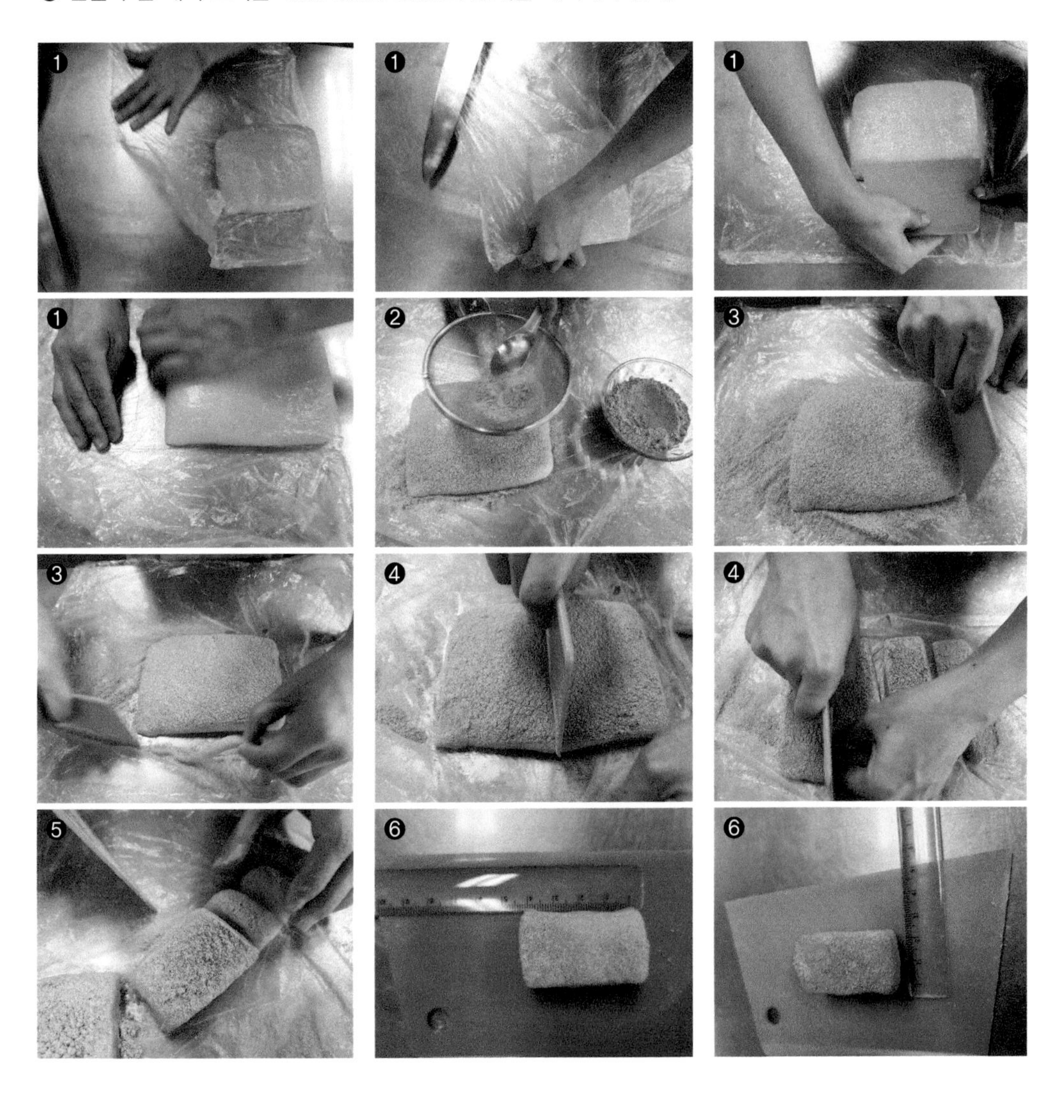

11 완성하기

❶ 일정한 크기로 잘라진 떡에 콩고물을 골고루 잘 묻혀 제출접시에 담아낸다.

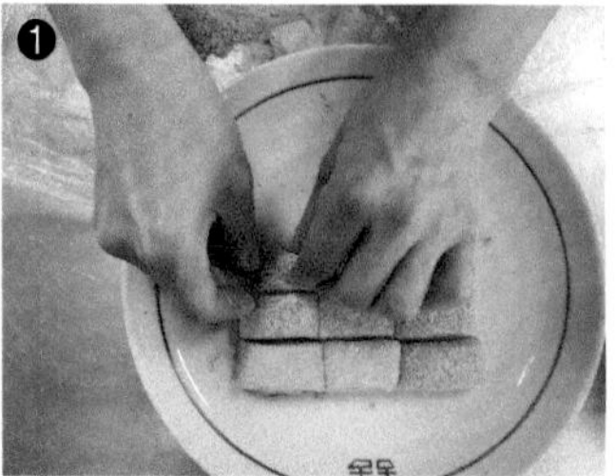

MEMO

흑임자시루떡, 개피떡(바람떡)

시험시간 : **2시간**

1. 요구사항

※ 지급된 재료 및 시설을 사용하여 아래 2가지 작품을 만들어 제출하시오.

가. 흑임자시루떡을 만들어 제출하시오.

1) 떡 제조 시 물의 양은 적정량으로 혼합하여 제조하시오(단, 쌀가루는 물에 불려 소금간하지 않고 1회 빻은 찹쌀가루이다.).
2) 흑임자는 씻어 일어 이물이 없게 하고 타지 않게 볶아 소금간하여 빻아서 고물로 사용하시오.
3) 찹쌀가루 위 · 아래에 흑임자 고물을 이용하여 찜기에 한켜로 안치시오.
4) 찜기에 안쳐 물솥에 얹어 찌시오.
5) 썰지 않은 상태로 전량 제출하시오.

재료명	비율(%)	무게(g)
찹쌀가루	100	400
설탕	10	40
소금 (쌀가루반죽)	1	4
소금(고물)		적정량
물	-	적정량
흑임자	27.5	110

나. 개피떡(바람떡)을 만들어 제출하시오.

1) 떡 제조 시 물의 양을 적정량으로 혼합하여 반죽을 하시오(단, 쌀가루는 물에 불려 소금 간 하지 않고 2회 빻은 멥쌀가루이다.).
2) 익힌 멥쌀반죽은 치대어 떡반죽을 만들고 떡이 붙지 않게 고체유를 바르면서 제조하시오.
3) 떡반죽은 두께 4~5 mm 정도로 밀어 팥앙금을 소로 넣어 원형틀(직경 5.5cm 정도)을 이용하여 반달모양으로 찍어 모양을 만드시오(◠).
4) 개피떡은 12개 이상으로 제조하여 참기름을 발라 제출하시오.

재료명	비율(%)	무게(g)
멥쌀가루	100	300
소금	1	3
물	-	적정량
팥앙금	66	200
참기름	-	적정량
고체유	-	5
설탕	-	10 (찔 때 필요시 사용)

2. 지급재료 목록

번호	재료명	규격	단위	수량	비고
		흑임자시루떡			
1	찹쌀가루	찹쌀을 5시간 정도 불려 빻은 것	g	440	1인용
2	설탕	정백당	g	50	1인용
3	소금	정제염	g	10	1인용
4	흑임자	볶지 않은 상태	g	120	1인용
		개피떡(바람떡)			
5	멥쌀가루	멥쌀을 5시간 정도 불려 빻은 것	g	330	1인용
6	소금	정제염	g	10	1인용
7	팥앙금	고운적팥앙금	g	220	1인용
8	고체유(밀랍)	마가린 대체 가능	g	7	1인용
9	설탕		g	15	1인용
10	참기름		g	10	1인용
11	세척제	500g	개	1	30인 공용

※ 국가기술자격 실기시험 지급재료는 시험 종료 후(기권, 결시자 포함) 수험자에게 지급하지 않습니다.

떡제조기능사 실기시험

흑임자시루떡

만드는 방법

1 지급 받은 재료 확인하고 전처리하기 (흑임자 씻어 일어 흑임자 고물 만들기)

❶ 흑임자를 볼에 넣고 물을 조금만 넣어 가볍게 씻어 주다가 물을 여유 있게 넣어 체로 깨를 가볍게 흔들면서 일어준다.

흑임자를 씻고 일 때 주변에 흘리지 않도록 하고 손잡이 체 구멍이 너무 크면 깨가 빠져 버릴 수 있으므로 체는 구멍이 작은 것으로 사용하고 깨를 일 때는 이물질이 있는지 확인한다.

❷ 달궈진 팬에 깨를 골고루 펼쳐 놓고 약불에서 서서히 볶아준다.

깨의 수분이 날아가고 부피가 커지면서 고소한 향이 나기 시작하면 깨가 익어가고 있는 것이다. 이때부터 3~5분 정도 볶아주면 된다. 깨는 잘 타고 껍질이 까매서 육안으로는 타는지 확인하기 어려우므로 약불에서 타지 않도록 서서히 볶아야 한다. 깨가 잘 볶아지지 않으면 절구에서 빻아 고물을 만들 때 잘 빻아지지 않는다.

❸ 볶은 흑임자를 절구에 넣고 소금 1g을 첨가하여 흑임자를 고르게 갈아준다.

❹ 곱게 간 흑임자는 총무게를 계량한 후 2개로 나누어 준다.

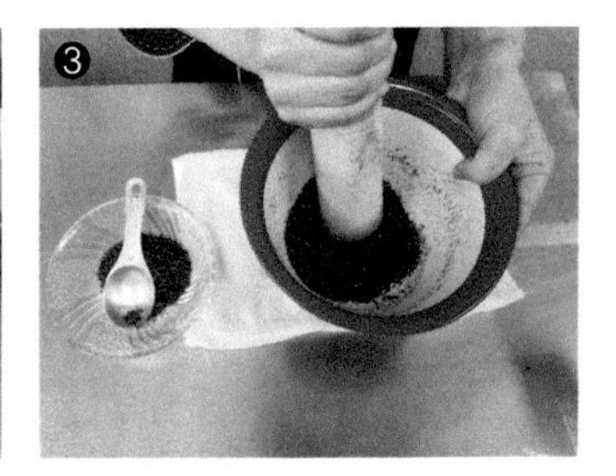

2 찹쌀가루 물 주기 → 체에서 내리기 → 설탕 섞어주기

쌀가루에 물 주기 하는 동안 물솥에 1/2 정도 물을 채우고 불에 올려놓는다.

❶ 찹쌀가루에 소금을 넣고 잘 섞어준 후 물 주기를 한다. (수분 3큰술 $\pm\alpha$)

지급된 찹쌀가루를 손으로 잡아보아 쌀가루 속의 수분 상태를 확인하고 물 주기를 한다.

❷ 수분이 고르게 가도록 쌀가루를 잘 비벼주면서 섞어준 후 체에서 한 번 내려주고 설탕을 넣어 가볍게 섞어준다.

체에서 내릴 때는 손바닥 전체를 사용해 쌀가루의 덩어리가 없고 수분이 고르게 퍼지도록 내려준다.

3 찜기에 시루밑 깔아 흑임자 고물 뿌리기

❶ 찜기에 시루밑을 깔아 흑임자 고물의 반을 골고루 잘 뿌려준다.

흑임자 고물이 시루밑으로 빠지기 때문에 면포를 깔 수도 있으나 면포는 매끄럽지 못해 떡 모양이 거칠게 나올 수도 있다.

흑임자 고물을 뿌릴 때는 틈새가 보이지 않도록 잘 뿌려준다.

4 찜기에 쌀가루 넣기 → 고물 뿌리기

❶ 흑임자 고물을 뿌린 찜기에 쌀가루를 가볍게 올린 후 스크래퍼를 사용해 윗면을 평평하게 한다.

❷ 쌀가루에 남은 흑임자 고물을 고르게 뿌려준다. (흰 쌀가루가 보이지 않도록!!!)

5 찜기 뚜껑 면포로 싸서 찌기

❶ 찜기 뚜껑을 면포로 잘 감싸준다.

❷ 물이 팔팔 끓어 물솥에서 김이 올라오면 뚜껑 덮은 찜기를 올리고 센 불에서 25분간 쪄준다.

이때, 찹쌀이 잘 안 익을 수 있으므로, 김이 올라오는 물솥의 옆 부분을 면포로 잘 막아준다.

6 담아 제출하기

❶ 접시를 찜기 위에 덧대어 올려 한번 뒤집어 준다.

❷ 찜기와 시루밑을 조심스럽게 떼어낸다.

❸ 제출 접시를 다시 덧대어 올려 한 번 더 뒤집어 준다.

❹ 시루떡 옆으로 흑임자 가루가 떨어져 있는 것은 실리콘 붓으로 살살 쓸어내 깔끔하게 한 후 제출한다.

MEMO

개피떡(바람떡)

만드는 방법

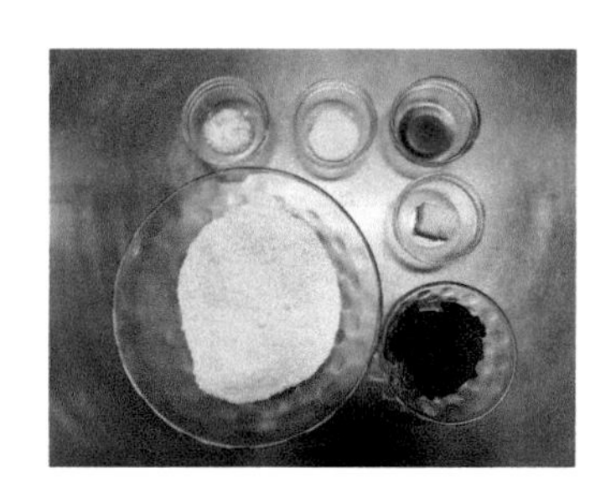

1 지급 받은 재료 확인하기

2 쌀가루 체에서 내리기

❶ 믹싱볼에 달걀을 넣고 잘 풀어준 다음 설탕, 소금, 물엿을 넣고 믹싱 한다.

쌀가루를 체에서 내릴 때는 손바닥 전체를 사용해서 쌀가루를 내려 준다. 바람떡의 수분은 일반 설기떡보다 수분을 많이 주기 때문에 쌀가루가 질어져서 체에 내려가지 않으므로 미리 중간체에서 2회 이상 내린 후 물 주기를 해주면 좋다.

❷ 소금을 쌀가루에 직접 넣고 체에서 내린 후 물을 주는 방법도 있고, 소금을 물에 녹여 그물을 넣고 수분을 맞추는 방법도 있다.

소금을 쌀가루에 직접 넣고 체에서 내릴 경우 소금이 한쪽으로 몰려서 맛이 고르지 못할 수 있으므로 고르게 잘 비벼줘야 한다. 소금을 물에 녹여 사용할 경우에는 처음부터 많은 양의 물에 소금을 녹여버리면 떡이 싱겁거나 질어질 수 있으므로 처음에는 예상되는 물의 1/2 정도에 소금을 녹이고 수분을 준 후 부족한 물은 추가로 넣어 수분을 맞추어 주어야 한다.

3 멥쌀가루에 물 주기

쌀가루에 물 주기 하는 동안 물솥에 1/2 정도 물을 채우고 불에 올려놓는다.

❶ 지급된 멥쌀가루를 손으로 잡아보아 쌀가루 속의 수분 상태를 확인하고 물을 준다.

❷ 멥쌀가루에 수분 8큰술 $+\alpha$ 의 수분을 주면서 손으로 고르게 잘 비벼준다.

❸ 물 주기는 소보로빵 상태의 동글동글한 덩어리들이 생기도록 촉촉하게 물 주기 해주면 된다.

너무 질게 하면 떡 반죽이 늘어져 개피떡을 만들 때 작업이 원활하지 않기 때문에 한 번에 물을 넣지 말고 중간에 수분 체크를 하면서 물 주기를 해준다.

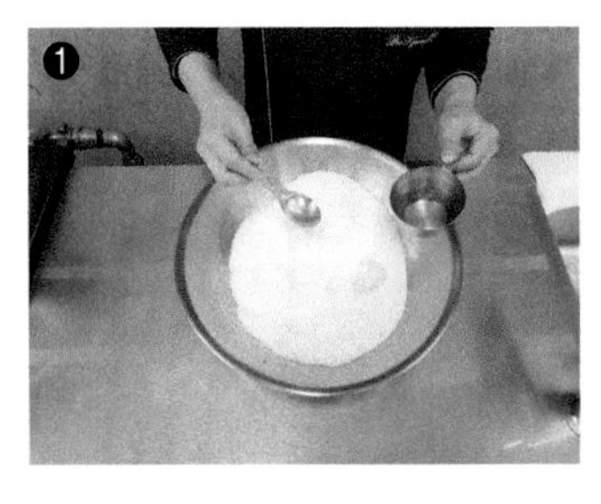

4 찜기에 면포 또는 시루밑 깔아주기

❶ 쪄낸 떡이 시루밑에서 잘 떼어지도록 시루밑에 지급된 설탕을 고르게 잘 뿌려준다.

5 찜기에 쌀가루 넣기

❶ 수분 준 소보로 형태의 쌀가루를 주먹 쥐어 찜기에 올려준다.

주먹 쥐어 찌면 수증기가 숨구멍에서 잘 치고 올라와 잘 익는다.

6 나무찜기 뚜껑 면포로 싸서 쪄주기

❶ 찜기 뚜껑을 면포로 잘 감싸준다.

❷ 물이 팔팔 끓으면서 물솥에 김이 올라오면 뚜껑 덮은 찜기를 올리고 센 불에서 20분 쪄낸 뒤 불을 끈다.

바람떡은 뜸을 들이지 않는다. 뜸을 들이면 반죽이 질어질 수 있다.

7 팥앙금 소와 비닐 준비하기

❶ 두꺼운 비닐에 고체유를 고르게 발라 접어 둔다.

❷ 떡이 쪄지는 동안 위생장갑을 끼고 팥앙금 180g을 15g씩 12개로 나누어 준 후 소를 타원형 모양으로 만든다.

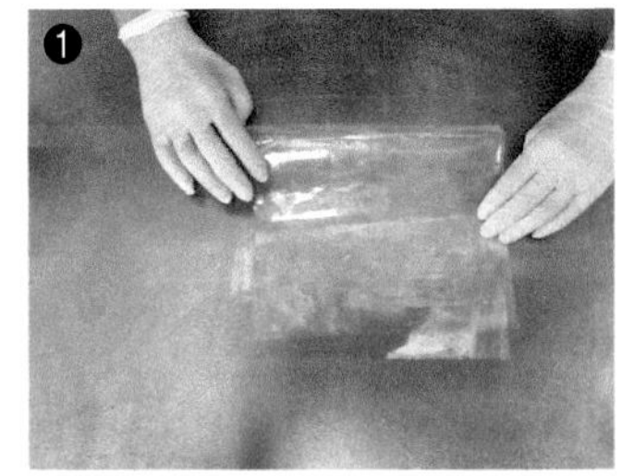

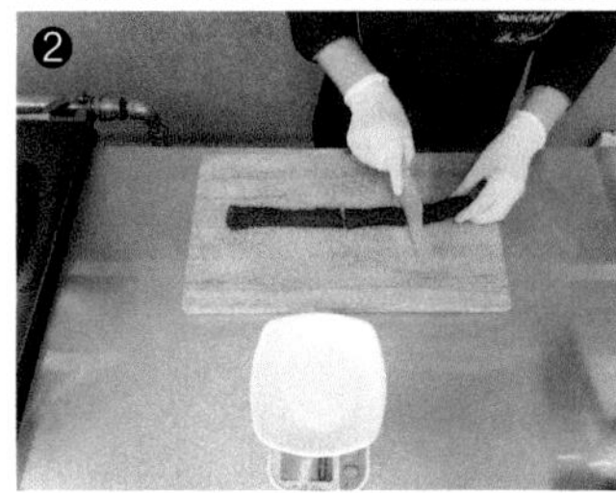

8 쪄낸 멥쌀 반죽 모양 만들기

❶ 고체유 바른 비닐에 쪄낸 멥쌀 반죽을 넣고 잘 치대준다.

❷ 치댄 반죽은 한 덩어리로 만들어 전체 무게를 잰 후 12개로 나누어 준다.

❸ 12개로 나눈 떡 반죽을 하나씩 두께 4~5㎜ 정도로 밀대에 밀어 팥앙금을 넣고 반으로 접어 바람떡 원형틀 (5.5㎝ 정도)로 찍어 바람떡을 만들어 준다.

이때, 반죽을 약간의 타원형 형태로 밀어주면 모양 잡기가 쉽다.

❹ 실리콘 붓으로 참기름을 고르게 발라준다.

9 담아 제출하기

MEMO

흰팥시루떡, 대추단자

시험시간 : **2시간**

1. 요구사항

※ 지급된 재료 및 시설을 사용하여 아래 2가지 작품을 만들어 제출하시오.

가. 흰팥시루떡을 만들어 제출하시오.

1) 떡 제조 시 물의 양은 적정량으로 혼합하여 제조하시오(단, 쌀가루는 물에 불려 소금간하지 않고 2회 빻은 멥쌀가루이다.).
2) 불린 흰팥(동부)은 거피하여 쪄서 소금간하고 빻아 체에 내려 고물로 사용하시오(중간체 또는 어레미 사용 가능).
3) 멥쌀가루 위 · 아래에 흰팥고물을 이용하여 찜기에 한켜로 안치시오.
4) 찜기에 안쳐 물솥에 얹어 찌시오.
5) 썰지 않은 상태로 전량 제출하시오.

재료명	비율(%)	무게(g)
멥쌀가루	100	500
설탕	10	50
소금 (쌀가루반죽)	1	5
소금(고물)	0.6	3 (적정량)
물	-	적정량
불린흰팥(동부)		320

나. 대추단자를 만들어 제출하시오.

1) 떡 제조 시 물의 양을 적정량으로 혼합하여 반죽을 하시오(단, 쌀가루는 물에 불려 소금간 하지 않고 1회 빻은 찹쌀가루이다.).
2) 대추의 40% 정도는 떡 반죽용으로, 60% 정도는 고물용으로 사용하시오.
3) 떡 반죽용 대추는 다져서 쌀가루와 함께 익혀 쓰시오.
4) 고물용 대추, 밤은 곱게 채썰어 사용하시오.(단, 밤은 채 썰 때 전량 사용하지 않아도 됨)
5) 대추를 넣고 익힌 찹쌀반죽은 소금물을 묻혀 치시오.

재료명	비율(%)	무게(g)
찹쌀가루	100	200
소금	1	2
물	-	적정량
밤	-	6(개)
대추	-	80
꿀	-	20
식용유	-	10
설탕(찔 때 필요시 사용	-	10
소금물용 소금	-	5

6) 친 대추단자는 기름(식용유) 바른 비닐에 넣어 성형하여 식히시오.

7) 친 떡에 꿀을 바른 후 3×2.5×1.5cm 크기로 잘라 밤채, 대추채 고물을 묻히시오.

8) 16개 이상 제조하여 전량 제출하시오.

2. 지급재료 목록

번호	재료명	규격	단위	수량	비고
		흰팥시루떡			
1	멥쌀가루	멥쌀을 5시간 정도 불려 빻은 것	g	550	1인용
2	설탕	정백당	g	60	1인용
3	소금	정제염	g	10	1인용
4	거피팥 (동부)	하룻밤 불린 거피팥 (겨울 6시간, 여름 3시간 이상, 전날 불려 냉장 보관 후 지급)	g	350	1인용 (건거피팥(동부) 170g 정도 기준)
		대추단자			
5	찹쌀가루	찹쌀을 5시간 정도 불려 빻은 것	g	220	1인용
6	소금	정제염	g	5	1인용
7	밤	겉껍질, 속껍질 벗긴 밤	개	6	1인용
8	대추	(중)마른 것 (크기 및 수분량에 따라 개수는 변경될 수 있음)	g	90 (20~ 30개 정도)	1인용
9	꿀		g	30	1인용
10	식용유		g	10	1인용
11	설탕		g	10	1인용
12	세척제	500g	개	1	30인 공용

※ 국가기술자격 실기시험 지급재료는 시험 종료 후(기권, 결시자 포함) 수험자에게 지급하지 않습니다.

떡제조기능사 실기시험

흰팥시루떡

만드는 방법

1 지급 받은 재료 확인하기

2 흰팥 고물만들기

❶ 물에 불린 흰팥을 바락바락 주물러 씻고 헹구고 일어주면서 껍질을 깨끗이 제거한다.

이때, 물은 새 물이 아닌 씻었던 물재물을 반복적으로 사용해서 껍질을 깨끗이 제거해주어야 하고 마지막에 새 물로 한번 가볍게 헹궈준다.

❷ 껍질을 제거한 흰 팥은 수분을 제거한 후 김이 오른 찜기에 50~60분을 쪄준다.

흰팥은 충분히 쪄지지 않으면 잘 빻아지지 않고 수분이 많다. 너무 오래 찌면 고물이 질어진다.

❸ 쪄진 흰팥은 김을 한 김 날리고 절구에 넣어 소금 3g을 고루 섞은 후 방망이로 곱게 빻아준다.

❹ 곱게 빻은 흰팥 고물은 프라이팬에서 약불로 볶아 수분을 날려준다.

❺ 볶은 흰팥 고물은 다시 굵은체에 내려 고운 고물을 만든다.

❻ 고물의 총무게를 잰 후 반으로 나누어 준다.

3 쌀가루 체에서 내리기

❶ 계량한 멥쌀가루에 계량한 소금 5g을 넣고 고르게 잘 섞어준 후 체에서 3번 내린다.

쌀가루를 체에서 내릴 때는 손바닥 전체를 사용해서 수분이 고르게 가도록 내려준다.

4 지급받은 멥쌀가루 상태 확인하고 물 주기

쌀가루에 물 주기 하는 동안 물솥에 1/2 정도 물을 채우고 불에 올려 놓는다.

❶ 지급된 쌀가루를 손으로 잡아보아 쌀가루 속의 수분 상태를 확인하고 여러 번에 나눠서 물 주기를 한다.

지급된 쌀가루는 지급 시점마다 쌀가루 속의 수분 상태가 다를 수 있다고 생각해야 한다. 지급된 쌀가루 속의 수분 상태를 확인하지 않고 연습했던 대로 물을 한꺼번에 주면, 떡이 질어지거나 익지 않을 수 있다.

❷ 멥쌀가루에 수분을 주면서 손으로 고르게 잘 비벼준다.

❸ 비벼준 쌀가루를 가볍게 잡아 쥔 후 손바닥을 펼쳐서 가볍게 흔들어준다.

이때, 쌀가루가 아주 부서지면 물이 부족한 것이다.

❹ 부족한 물 보충해주기

❺ 쌀가루에 물을 고르게 주기 위해서는 물을 주는 중간에 체에서 한 번 내려주는 것이 좋다.

❻ 쌀가루에 물이 고르게 가도록 잘 비벼준 후 쌀가루를 가볍게 잡아 쥔 후 손바닥을 펼치고 가볍게 흔들어준다. 이때, 쌀가루가 완전히 부서지지 않고 살짝 반으로 쪼개질 정도면 물 주기가 적당하다.

5 물 주기한 멥쌀가루 체에서 내리기 → 설탕 넣기

❶ 멥쌀가루에 물 주기가 끝났으면 한 번 더 고르게 쌀가루를 비벼준 후 체에서 3번 내려준다.

전체적인 수분의 양은 맞아도 쌀가루에 수분이 고르게 퍼지지 않으면 떡이 익지 않기 때문에 물 주기 한 후에도 수분이 고르게 가도록 잘 비벼줘야 하고 멥쌀가루의 입자 거칠기 때문에 부드럽게 만들려면 체에서 여러 번 내려주는 것이 좋다.

❷ 체에서 내린 멥쌀가루에 설탕을 넣어 가볍게 섞어준다.

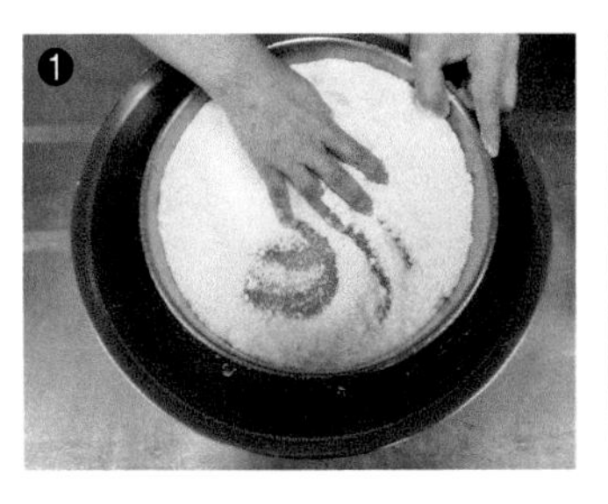

6 찜기에 시루밑 깔고 고물 올리기→ 쌀가루 올리고 고물 다시 올리기

고물 올리기→ 쌀가루 올리고 고물 다시 올리기→ 면포를 깔아줘도 되지만 면포가 편편하지 않아 떡의 표면이 매끄럽지 않을 수 있으므로 시루밑을 깔아주는 것이 좋다.

❶ 찜기에 시루밑을 깔고 흰팥 고물 1/2을 넣어 고르게 펴준다.

❷ 설탕을 섞은 멥쌀가루를 넣어 스크래퍼로 윗면을 평평하도록 작업해 준다.

❸ 멥쌀가루 위에 흰팥 고물 1/2을 올려주고 스크래퍼 윗면을 평평하도록 다시 작업해 준다.

7 나무 찜기 면포로 싸고 떡 쪄내기

❶ 찜기 뚜껑을 면포로 감싸준 후 김이 오른 찜기에 넣어 센 불에서 20분간 쪄내고 불을 끈 후 5분간 뜸들이기를 한다.

8 담아 제출하기

❶ 접시에 비닐백을 깔고 찜기 위에 덧대어 올려 뒤집어 준다.

❷ 찜기와 시루밑을 조심스럽게 떼어준다.

이때, 떡이 한쪽으로 치우쳐져 있으면 비닐팩을 움직여 모양을 잡아준다.

❸ 제출 접시는 다시 떡에 덧대어 올려 한 번 더 뒤집어 준다.

떡 옆으로 떨어진 오물들은 실리콘 붓으로 가볍게 쓸어 낸다.

대추단자

만드는 방법

1 지급받은 재료 확인하고 부재료 전처리하기

❶ 밤은 물에 담가 둔다.

❷ 주어진 대추 80g을 떡반죽 용도 40%(32g)와 고물 용도 60%(48g)로 나누어 준다.

2 반죽용 대추 손질하기

❶ 떡 반죽용 대추 32g(40%)은 돌려 깎아 씨를 제거한 후 곱게 다져 준다.

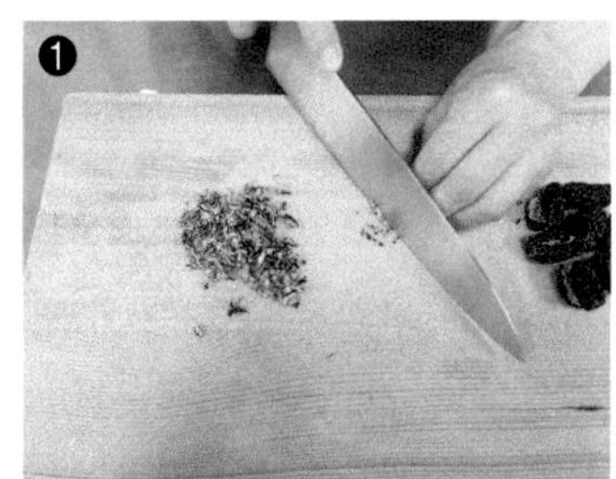

3 찹쌀가루 물 주기 → 체에서 내리기

쌀가루에 물 주기 하는 동안 물솥에 1/2 정도 물을 채우고 불에 올려놓는다.

❶ 찹쌀가루에 소금 넣고 잘 섞어준 후 물 주기를 한다. (1큰술+α)

지급된 찹쌀가루는 손으로 잡아보아 쌀가루 속의 수분 상태를 확인하고 물 주기를 한다.

❷ 수분이 고르게 가도록 쌀가루를 잘 비벼주면서 섞어준 후 체에서 한 번 내려준다.

체에서 내릴 때는 손바닥 전체를 사용해 쌀가루의 덩어리가 없고 수분이 고르게 퍼지도록 내려준다.

4 찹쌀가루에 반죽용 대추 넣기

❶ 체에서 내린 찹쌀가루에 곱게 다진 반죽용 대추 40%를 넣어 고르게 섞어준다.

5 찜기에 쌀가루 넣고 찌기

❶ 찜기에 면포를 깔고 면포 위에 설탕을 고르게 뿌려준다.

❷ 다진 대추를 섞은 쌀가루는 주먹쥐기해서 찜기에 올려준다.

이때 쌀가루는 너무 꽉 잡지 않는다.

❸ 물이 팔팔 끓으면 뚜껑 덮은 찜기를 올리고 센 불에서 20분간 쪄준다.

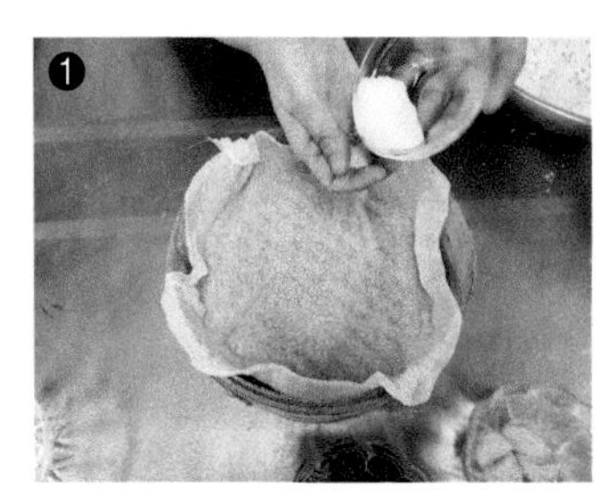

6 쌀가루 찌는 동안 고물 준비하기

❶ 고물용 대추 60%(48g)를 돌려깎기 한 후 두꺼운 것은 밀대로 밀어 얇게 만든 후 최대한 가늘게 채 썰어 준다.

❷ 깐 밤은 결대로 편썰기한 후 최대한 가늘게 채 썰어 준다.

7 믹싱볼, 비닐 준비하기

❶ 믹싱볼에 기름칠해 놓고 옆에 소금물을 만들어 준다.

❷ 두꺼운 비닐을 준비하고 펼쳐서 기름을 바른 후 접어 준비해 준다.

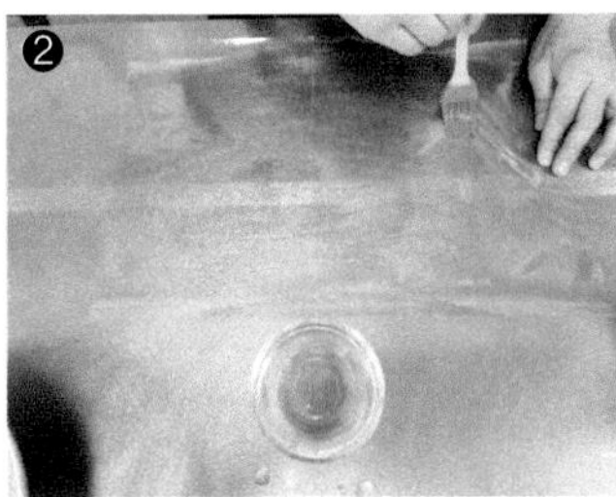

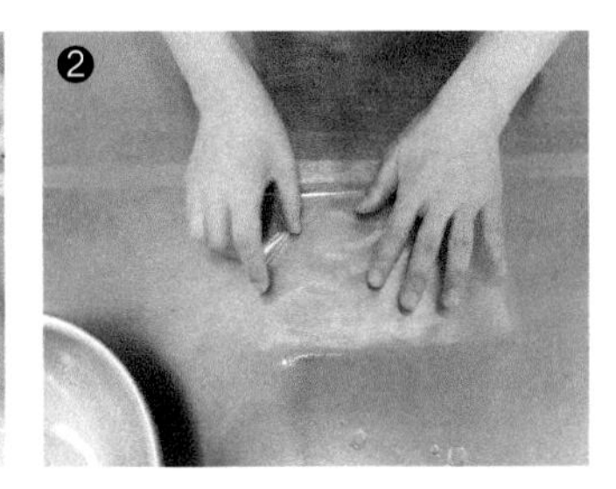

8 떡 반죽 치대어 모양 잡기

❶ 대추를 넣고 익힌 찹쌀반죽을 믹싱볼에 담아 소금물을 적신 방망이로 치대어준다.

❷ 친 대추단자는 기름 바른 비닐에 넣어 두께 1.5㎝로 성형하여 식혀준다.

❸ 성형한 떡에 꿀을 바른 후 3×2.5×1.5㎝ 크기로 잘라준다.

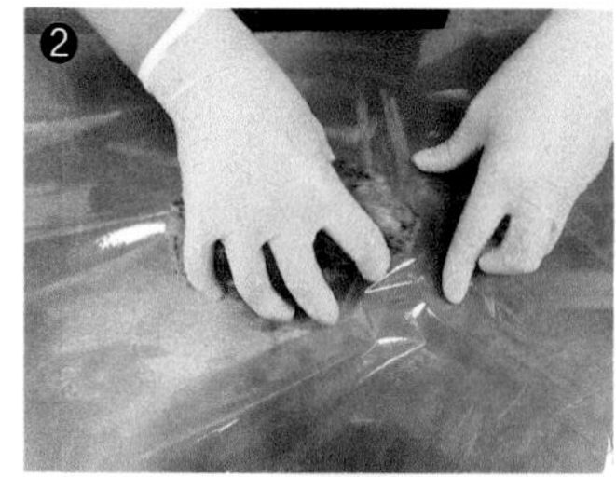

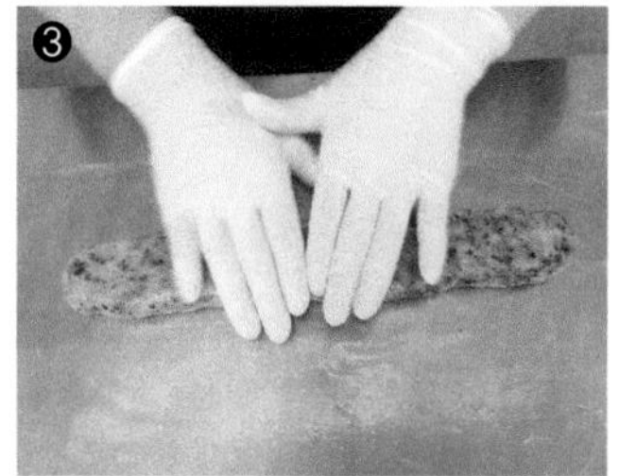

9 대추단자에 고물 묻히기

❶ 대추 채와 밤 채를 잘 섞어 고물을 만들어 준다.

❷ 3×2.5×1.5㎝로 자른 대추단자에 다시 꿀을 묻힌 다음 고물을 고르게 잘 묻혀준다.

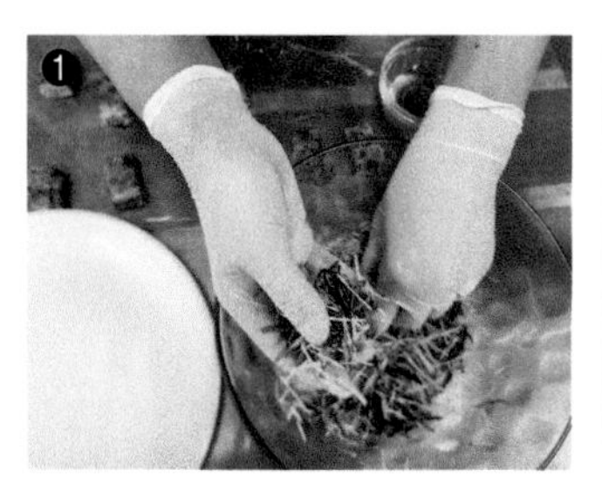

10 담아 제출하기

III 기출문제

2019년도 기출문제

01 떡을 만들 때 쌀 불리기에 대한 설명으로 틀린 것은?

① 쌀은 물의 온도가 높을수록 물을 빨리 흡수한다.
② 쌀의 수침시간이 증가하면 호화 개시온도가 낮아진다.
③ 쌀의 수침시간이 증가하면 조직이 연화되어 입자의 결합력이 증가한다.
④ 쌀의 수침시간이 증가하면 수분함량이 많아져 호화가 잘 된다.

정답 및 해설

정답 ③
해설 쌀의 수침시간이 증가하면 조직이 연화되어 입자의 결합력이 감소한다.

02 떡 제조 시 사용하는 두류의 종류와 영양학적 특성으로 옳은 것은?

① 대두에 있는 사포닌은 설사의 치료제이다.
② 팥은 비타민 B_1이 많아 각기병 예방에 좋다.
③ 검은콩은 금속이온과 반응하면 색이 옅어진다.
④ 땅콩은 지질의 함량이 많으나 필수지방산은 부족하다.

정답 ②
해설 대두의 사포닌은 설사를 유발한다. 검은콩은 금속이온과 반응하면 색이 진해진다. 땅콩은 필수지방산이 풍부하다.

03 병과에 쓰이는 도구 중 어레미에 대한 설명으로 옳은 것은?

① 고운 가루를 내릴 때 사용한다.
② 도드미보다 고운체이다.
③ 팥고물을 내릴 때 사용한다.
④ 약과용 밀가루를 내릴 때 사용한다.

정답 ③
해설 어레미는 굵은체를 말하며 떡고물을 내릴 때 사용한다.

04 떡의 영양학적 특성에 대한 설명으로 틀린 것은?

① 팥시루떡의 팥은 멥쌀에 부족한 비타민 D와 비타민 E를 보충한다.
② 무시루떡의 무에는 소화효소인 디아스타제가 들어 있어 소화에 도움을 준다.

정답 ①
해설 팥에는 칼륨과 인이 많이 함유되어 있고, 비타민 B_1이 풍부하다.

③ 쑥떡의 쑥은 무기질, 비타민 A, 비타민 C가 풍부하여 건강에 도움을 준다.

④ 콩가루인절미의 콩은 찹쌀에 부족한 단백질과 지질을 함유하여 영양상의 조화를 이룬다.

정답 및 해설

05 **두텁떡을 만드는 데 사용되지 않는 조리도구는?**

① 떡살 ② 체

③ 번철 ④ 시루

정답 ①

해설 떡살은 절편 만들 때 여러 문양을 내는 데 사용된다.

06 **치는 떡의 표기로 옳은 것은?**

① 증병(甑餠) ② 도병(搗餠)

③ 유병(油餠) ④ 전병(煎餠)

정답 ②

해설 증병(찌는 떡), 도병(치는 떡), 유병(지지는 떡)

07 **떡의 노화를 지연시키는 방법으로 틀린 것은?**

① 식이섬유소 첨가 ② 설탕 첨가

③ 유화제 첨가 ④ 색소 첨가

정답 ④

해설 색소 첨가는 떡에 여러 가지 색을 첨가하여 식욕을 돋우기 위함이다.

08 **떡을 만드는 도구에 대한 설명으로 틀린 것은?**

① 조리는 쌀을 빻아 쌀가루를 내릴 때 사용한다.

② 맷돌은 곡식을 가루로 만들거나 곡류를 타개는 기구이다.

③ 맷방석은 멍석보다는 작고 둥글며 곡식을 널 때 사용한다.

④ 어레미는 굵은체를 말하며 지방에 따라 얼맹이, 얼레미 등으로 불린다.

정답 ①

해설 조리는 쌀을 일어 돌을 골라낼 때 사용하는 도구이다.

09 **떡 조리과정의 특징으로 틀린 것은?**

① 쌀의 수침시간이 증가할수록 쌀의 조직이 연화되어 습식제분을 할 때 전분입자가 미세화된다.

② 쌀가루는 너무 고운 것보다 어느 정도 입자가 있어야 자체 수분보유율이 있어 떡을 만들 때 호화도가 높다.

정답 ③

해설 아밀로오스가 함유된 멥쌀보다 찹쌀은 아밀로펙틴으로 되어 있어 물을 더 적게 주어야 한다.

③ 찌는 떡은 멥쌀가루보다 찹쌀가루를 사용할 때 물을 더 보충하여야 한다.

④ 펀칭공정을 거치는 치는 떡은 시루에 찌는 떡보다 노화가 더디게 진행된다.

정답 및 해설

10 불용성 섬유소의 종류로 옳은 것은?

① 검 ② 뮤실리지

③ 펙틴 ④ 셀룰로오스

정답 ④

해설 검, 뮤실리지, 펙틴은 수용성 식이섬유이며, 셀룰로오스는 불용성 식이섬유이다.

11 찌는 떡이 아닌 것은?

① 느티떡 ② 혼돈병

③ 골무떡 ④ 신과병

정답 ③

해설 골무떡은 치는 떡이다.

12 떡의 주재료로 옳은 것은?

① 밤, 현미 ② 흑미, 호두

③ 감, 차조 ④ 찹쌀, 멥쌀

정답 ④

해설 찹쌀과 멥쌀은 떡의 주재료로 사용되는 곡류이다.

13 쌀의 수침 시 수분흡수율에 영향을 주는 요인으로 틀린 것은?

① 쌀의 품종 ② 쌀의 저장기간

③ 수침 시 물의 온도 ④ 쌀의 비타민 함량

정답 ④

해설 쌀의 비타민 함량은 수분흡수율과 관계가 없다.

14 빚은 떡 제조 시 쌀가루 반죽에 대한 요인으로 틀린 것은?

① 송편 등의 떡 반죽은 많이 치댈수록 부드러우면서 입의 감촉이 좋다.

② 반죽을 치는 횟수가 많아지면 반죽 중에 작은 기포가 함유되어 부드러워진다.

③ 쌀가루를 익반죽하면 전분의 일부가 호화되어 점성이 생겨 반죽이 잘 뭉친다.

④ 반죽할 때 물의 온도가 낮을수록 치대는 반죽이 매끄럽고 부드러워진다.

정답 ④

해설 반죽할 때 물의 온도가 낮으면 반죽이 거칠고, 온도가 높으면 매끄럽고 부드럽다.

15 인절미나 절편을 칠 때 사용하는 도구로 옳은 것은?

① 안반, 맷방석
② 떡메, 쳇다리
③ 안반, 떡메
④ 쳇다리, 이남박

정답 및 해설

정답 ③
해설 안반 위에 떡을 놓고 떡메로 친다.

16 설기떡에 대한 설명으로 틀린 것은?

① 고물 없이 한 덩어리가 되도록 찌는 떡이다.
② 콩, 쑥, 밤, 대추, 과일 등 부재료가 들어가기도 한다.
③ 콩떡, 팥시루떡, 쑥떡, 호박떡, 무지개떡이 있다.
④ 무리병이라고도 한다.

정답 ③
해설 팥시루떡은 팥고물을 켜켜이 얹어 찌는 켜떡이다.

17 찰떡류 제조에 대한 설명으로 옳은 것은?

① 불린 찹쌀을 여러 번 빻아 찹쌀가루를 곱게 준비한다.
② 쇠머리떡 제조 시 멥쌀가루를 소량 첨가할 경우 굳혀서 썰기에 좋다.
③ 찰떡은 메떡에 비해 찔 때 소요되는 시간이 짧다.
④ 팥은 1시간 정도 불려 설탕과 소금을 섞어 사용한다.

정답 ②
해설 찹쌀가루는 여러 번 빻지 않고, 찰떡이 메떡보다 찌는 시간이 오래 걸리며, 팥은 불리기보다는 삶아서 사용한다.

18 치는 떡이 아닌 것은?

① 꽃절편 ② 인절미
③ 개피떡 ④ 쑥개떡

정답 ④
해설 쑥개떡은 불린 멥쌀에 데친 쑥을 넣고 빻은 후 익반죽하여 빚어서 찐 떡이다.

19 떡의 노화를 지연시키는 보관방법으로 옳은 것은?

① 4℃ 냉장고에 보관한다.
② 2℃ 김치냉장고에 보관한다.
③ -18℃ 냉동고에 보관한다.
④ 실온에 보관한다.

정답 ③
해설 떡의 노화는 0~4℃인 냉장온도이며, 노화를 지연시키기 위해서는 냉동 보관한다.

20 떡류 포장 표시의 기준을 포함하여, 소비자의 알 권리를 보장하고 건전한 거래질서를 확립함으로써 소비자 보호에 이바지함을 목적으로 하는 것은?

① 식품안전기본법
② 식품안전관리인증기준
③ 식품 등의 표시·광고에 관한 법률
④ 식품위생 분야 종사자의 건강진단 규칙

정답 및 해설

정답 ③

해설 식품 등의 표시·광고에 관한 법률은 소비자의 알 권리를 보장하고 건전한 거래질서를 확립하기 위한 것이다.

21 식품 등의 기구 또는 용기·포장 표시기준으로 틀린 것은?

① 재질
② 영업소 명칭 및 소재지
③ 소비자 안전을 위한 주의사항
④ 섭취량, 섭취방법 및 섭취 시 주의사항

정답 ④

해설 식품 등의 기구 또는 용기 등에는 재질, 영업소 명칭 및 소재지, 주의사항 등을 기재한다.

22 떡 반죽의 특징으로 틀린 것은?

① 많이 치댈수록 공기가 포함되어 부드러우면서 입안에서의 감촉이 좋다.
② 많이 치댈수록 글루텐이 많이 형성되어 쫄깃해진다.
③ 익반죽할 때 물의 온도가 높으면 점성이 생겨 반죽이 용이하다.
④ 쑥이나 수리취 등을 섞어 반죽할 때 노화속도가 지연된다.

정답 ②

해설 밀가루 반죽을 많이 치댈수록 글루텐이 많이 형성된다.

23 전통적인 약밥을 만드는 과정에 대한 설명으로 옳은 것은?

① 간장과 양념이 한쪽에 치우쳐서 얼룩지지 않도록 골고루 버무린다.
② 불린 찹쌀에 부재료와 간장, 설탕, 참기름 등을 한꺼번에 넣고 쪄낸다.
③ 찹쌀을 불려서 1차로 찔 때 충분히 쪄야 간과 색이 잘 밴다.
④ 양념한 밥을 오래 중탕하여 진한 갈색이 나도록 한다.

정답 ②

해설 밥을 쪄서 뜨거울 때 부재료와 간장, 설탕, 참기름 등 양념을 넣고 실온에 두었다가 간이 배면 다시 찐다.

24 **저온 저장이 미생물 생육 및 효소 활성에 미치는 영향에 관한 설명으로 틀린 것은?**

① 일부의 효모는 -10℃에서도 생존 가능하다.
② 곰팡이 포자는 저온에 대한 저항성이 강하다.
③ 부분 냉동상태보다는 완전 동결상태하에서 효소 활성이 촉진되어 식품이 변질되기 쉽다.
④ 리스테리아균이나 슈도모나스균은 냉장온도에서도 증식 가능하여 식품의 부패나 식중독을 유발한다.

정답 및 해설

정답 ③
해설 완전 동결상태보다는 부분 냉동상태하에서 효소 활성이 촉진되어 식품이 변질되기 쉽다.

25 **백설기를 만드는 방법으로 틀린 것은?**

① 멥쌀을 충분히 불려 물기를 빼고 소금을 넣어 곱게 빻는다.
② 쌀가루에 물을 주어 잘 비빈 후 중간체에 내려 설탕을 넣고 고루 섞는다.
③ 찜기에 시루밑을 깔고 체에 내린 쌀가루를 꾹꾹 눌러 안친다.
④ 물솥 위에 찜기를 올리고 15~20분간 찐 후 약한 불에서 5분간 뜸을 들인다.

정답 ③
해설 쌀가루를 꾹꾹 누르면 잘 익지 않고 떡이 단단하게 되므로, 누르지 않고 윗면을 편평하게 해준 후에 찐다.

26 **떡류의 보관관리에 대한 설명으로 틀린 것은?**

① 당일제조 및 판매 물량만 확보하여 사용한다.
② 오래 보관된 제품은 판매하지 않도록 한다.
③ 진열 전의 떡은 서늘하고 빛이 들지 않는 곳에서 보관한다.
④ 여름철에는 상온에서 24시간까지는 보관해도 된다.

정답 ④
해설 여름철에는 상온에서 떡이 변질되기 쉽다.

27 **인절미를 뜻하는 단어로 틀린 것은?**

① 인병 ② 은절병
③ 절병 ④ 인절병

정답 ③
해설 인절미는 인병, 은절병, 인절병으로도 불린다.

28 **설기 제조에 대한 일반적인 과정으로 옳은 것은?**

① 멥쌀을 깨끗하게 씻어 8~12시간 정도 불려서 사용한다.
② 쌀가루는 물기가 있는 상태에서 굵은체에 내린다.
③ 찜기에 준비된 재료를 올려 약한 불에서 바로 찐다.
④ 불을 끄고 20분 정도 뜸을 들인 후 그릇에 담는다.

29 **인절미를 할 때 사용되는 도구가 아닌 것은?**

① 절구 ② 안반
③ 떡메 ④ 떡살

30 **멥쌀가루에 요오드 용액을 떨어뜨렸을 때 변화되는 색은?**

① 변화가 없음 ② 녹색
③ 청자색 ④ 적갈색

31 **가래떡 제조과정의 순서로 옳은 것은?**

① 쌀가루 만들기- 안쳐 찌기 - 용도에 맞게 자르기 - 성형하기
② 쌀가루 만들기- 소 만들어 넣기 - 안쳐 찌기 - 성형하기
③ 쌀가루 만들기- 익반죽하기 - 성형하기 - 안쳐 찌기
④ 쌀가루 만들기- 안쳐 찌기 - 성형하기 - 용도에 맞게 자르기

32 **전통음식에서 '약(藥)'자가 들어가는 음식의 의미로 틀린 것은?**

① 꿀과 참기름 등을 많이 넣은 음식에 약(藥)자를 붙였다.
② 몸에 이로운 음식이라는 개념을 함께 지니고 있다.
③ 꿀을 넣은 과자와 밥을 각각 약과(藥果)와 약식(藥食)이라 하였다.
④ 한약재를 넣어 몸에 이롭게 만든 음식만을 의미한다.

정답 및 해설

28 정답 ①
해설 쌀가루는 김이 오르는 찜통에서 20분 정도 찌고 5분 정도 뜸을 들인다.

29 정답 ④
해설 떡살은 절편의 문양을 내는 데 사용된다.

30 정답 ③
해설 멥쌀가루는 청자색, 찹쌀가루는 적갈색으로 변한다.

31 정답 ④
해설 쌀가루 만들기-찌기-성형하기-냉각하기-절단하기-포장하기

32 정답 ④
해설 '약(藥)'자가 들어가는 음식에는 꿀과 참기름이 들어간다.

33 **약식의 양념(캐러멜소스) 제조 과정에 대한 설명으로 틀린 것은?**

① 설탕과 물을 넣어 끓인다.

② 끓일 때 젓지 않는다.

③ 설탕이 갈색으로 변하면 불을 끄고 물엿을 혼합한다.

④ 캐러멜소스는 130℃에서 갈색이 된다.

34 **얼음 결정의 크기가 크고 식품의 텍스처 품질손상 정도가 큰 저장방법은?**

① 완만 냉동 ② 급속 냉동

③ 빙온 냉동 ④ 초급속 냉동

35 **재료의 계량에 대한 설명으로 틀린 것은?**

① 액체 재료 부피 계량은 투명한 재질로 만들어진 계량컵을 사용하는 것이 좋다.

② 계량단위 1큰술의 부피는 15ml 정도이다.

③ 저울을 사용할 때 편평한 곳에서 0점(zero point)을 맞춘 후 사용한다.

④ 고체지방 재료 부피 계량은 계량컵에 잘게 잘라 담아 계량한다.

36 **화학물질의 취급 시 유의사항으로 틀린 것은?**

① 작업장 내에 물질안전보건자료를 비치한다.

② 고무장갑 등 보호복장을 착용하도록 한다.

③ 물 이외의 물질과 섞어서 사용한다.

④ 액체상태인 물질을 덜어 쓸 경우 펌프기능이 있는 호스를 사용한다.

37 **식품영업장이 위치해야 할 장소의 구비조건이 아닌 것은?**

① 식수로 적합한 물이 풍부하게 공급되는 곳

② 환경적 오염이 발생되지 않는 곳

정답 및 해설

33 정답 ④
해설 캐러멜소스는 약 160~170℃에서 갈색이 된다.

34 정답 ①
해설 동결속도가 빨라야 얼음 결정의 크기가 작고 식품의 텍스처 품질 손상이 적다.

35 정답 ④
해설 고체지방 재료 부피 계량은 실온에서 반고체상태가 되면 계량컵에 눌러 담은 후 수평으로 깎아서 계량한다.

36 정답 ③
해설 화학물질이 다른 물질과 섞여 화학반응이 일어나면 위험할 수 있으므로 주의한다.

37 정답 ④
해설 가축 사육시설이 가까이 있으면 위생상의 문제가 있을 수 있다.

③ 전력 공급 사정이 좋은 곳

④ 가축 사육시설이 가까이 있는 곳

38 **100℃에서 10분간 가열하여도 균에 의한 독소가 파괴되지 않아 식품을 섭취한 후 3시간 정도 만에 구토, 설사, 심한 복통 증상을 유발하는 미생물은?**

① 노로바이러스　② 황색포도상구균

③ 캠필로박터균　④ 살모넬라균

39 **다음과 같은 특성을 지닌 살균소독제는?**

- 가용성이며 냄새가 없다.
- 자극성 및 부식성이 없다.
- 유기물이 존재하면 살균효과가 감소된다.
- 작업자의 손이나 용기 및 기구 소독에 주로 사용한다.

① 승홍　② 크레졸

③ 석탄산　④ 역성비누

40 **식품의 변질에 의한 생성물로 틀린 것은?**

① 과산화물　② 암모니아

③ 토코페롤　④ 황화수소

41 **썩거나 상하거나 설익어서 인체의 건강을 해칠 우려가 있는 위해식품을 판매한 영업자에게 부과되는 벌칙은?(단, 해당 죄로 금고 이상의 형을 선고받거나 그 형이 확정된 적이 없는 자에 한한다.)**

① 1년 이하 징역 또는 1천만 원 이하 벌금

② 3년 이하 징역 또는 3천만 원 이하 벌금

③ 5년 이하 징역 또는 5천만 원 이하 벌금

④ 10년 이하 징역 또는 1억 원 이하 벌금

정답 및 해설

38 정답 ②

해설 황색포도상구균의 원인독소인 엔테로톡신은 열에 강하고 잠복기는 약 3시간이다.

39 정답 ④

해설 역성비누는 손이나 용기 등의 소독에 주로 사용한다.

40 정답 ③

해설 토코페롤은 항산화제 중 하나이다.

41 정답 ④

해설 썩었거나 상한 것 또는 유해물질이 들어 있거나 병원미생물에 오염된 것을 판매할 경우 10년 이하 징역 또는 1억 원 이하 벌금에 해당된다.

42 **떡 제조 시 작업자의 복장에 대한 설명으로 틀린 것은?**

① 지나친 화장을 피하고 인조 속눈썹을 부착하지 않는다.
② 반지나 귀걸이 등 장신구를 착용하지 않는다.
③ 작업 변경 시마다 위생장갑을 교체할 필요는 없다.
④ 마스크를 착용하도록 한다.

정답 및 해설

정답 ③
해설 작업 변경 시마다 위생장갑을 교체하는 것이 교차오염 예방에 도움이 된다.

43 **물리적 살균·소독 방법이 아닌 것은?**

① 일광 소독 ② 화염 멸균
③ 역성비누 소독 ④ 자외선 살균

정답 ③
해설 역성비누 소독은 화학적 소독방법이다.

44 **위생적이고 안전한 식품제조를 위해 적합한 기기, 기구 및 용기가 아닌 것은?**

① 스테인리스 스틸 냄비
② 산성식품에 사용하는 구리를 함유한 그릇
③ 소독과 살균이 가능한 내수성 재질의 작업대
④ 흡수성이 없는 단단한 단풍나무 재목의 도마

정답 ②
해설 산성식품이 구리에 닿으면 녹이 생길 수 있다.

45 **오염된 곡물의 섭취를 통해 장애를 일으키는 곰팡이독의 종류가 아닌 것은?**

① 황변미독 ② 맥각독
③ 아플라톡신 ④ 베네루핀

정답 ④
해설 베네루핀은 조개나 굴에 함유된 독이다.

46 **각 지역과 향토 떡의 연결로 틀린 것은?**

① 경기도-여주산병, 색떡
② 경상도-모싯잎송편, 만경떡
③ 제주도-오메기떡, 빙떡
④ 평안도-장떡, 수리취떡

정답 ④
해설 장떡은 개성지방 향토 떡이며, 수리취떡은 단오날 절식이다.

47 **약식의 유래를 기록하고 있으며 이를 통해 신라시대부터 약식을 먹어왔음을 알 수 있는 문헌은?**

① 목은집　　② 도문대작
③ 삼국사기　　④ 삼국유사

48 **중양절에 대한 설명으로 틀린 것은?**

① 추석에 햇곡식으로 제사를 올리지 못한 집안에서 뒤늦게 천신을 하였다.
② 밤떡과 국화전을 만들어 먹었다.
③ 시인과 묵객들은 야외로 나가 시를 읊거나 풍국놀이를 하였다.
④ 잡과병과 밀단고를 만들어 먹었다.

49 **음력 3월 3일에 먹는 시절 떡은?**

① 수리취절편　　② 약식
③ 느티떡　　④ 진달래화전

50 **봉치떡에 대한 설명으로 틀린 것은?**

① 납폐 의례 절차 중에 차려지는 대표적인 혼례음식으로 함떡이라고도 한다.
② 떡을 두 켜로 올리는 것은 부부 한쌍을 상징하는 것이다.
③ 밤과 대추는 재물이 풍성하기를 기원하는 뜻이 담겨 있다.
④ 찹쌀가루를 쓰는 것은 부부의 금실이 찰떡처럼 화목하게 되라는 뜻이다.

51 **약식의 유래와 관계가 없는 것은?**

① 백결선생　　② 금갑
③ 까마귀　　④ 소지왕

정답 및 해설

47 정답 ④
해설 약식은 삼국유사에 까마귀에게 보은하고자 제사를 지냈다는 내용에서 유래했다.

48 정답 ④
해설 중양절은 9월 9일로 국화전, 국화만두 등이 대표적인 음식이다. 잡과병은 멥쌀가루에 여러 가지 과일을 넣어 만든 떡이며, 밀단고는 팥고물을 묻힌 경단형태의 떡으로 가을에 먹는다.

49 정답 ④
해설 음력 3월 3일은 삼짇날이라고 하며, 강남 갔던 제비가 돌아온다는 날로 진달래화전을 만들어 먹었다.

50 정답 ③
해설 봉치떡의 밤과 대추는 자손번창을 기원하는 뜻이 담겨 있다.

51 정답 ①
해설 약식의 유래는 삼국유사 소지왕 10년, 사금갑조에 보면 역모를 알려준 까마귀의 은혜에 보답하기 위해 까마귀 깃털색과 같은 약식을 지어 먹도록 했다는 기록이 있다.

52 **돌상에 차리는 떡의 종류와 의미로 틀린 것은?**

① 인절미-학문적 성장을 촉구하는 뜻을 담고 있다.
② 수수팥경단-아이의 생애에 있어 액을 미리 막아준다는 의미를 담고 있다.
③ 오색송편-우주만물과 조화를 이루어 살아가라는 의미를 담고 있다.
④ 백설기-신성함과 정결함을 뜻하며, 순진무구하게 자라라는 기원이 담겨 있다.

정답 및 해설

정답 ①
해설 인절미의 뜻은 끈기 있고 내실 있는 사람이 되라는 것이다.

53 **다음은 떡의 어원에 관한 설명이다. 옳은 내용을 모두 선택한 것은?**

가. 곤떡은 '색과 모양이 곱다' 하여 처음에는 고운 떡으로 불리었다.
나. 구름떡은 썬 모양이 구름 모양과 같다 하여 붙여진 이름이다.
다. 오쟁이떡은 떡의 모양을 가운데 구멍을 내고 만들어 붙여진 이름이다.
라. 빙떡은 떡을 차갑게 식혀 만들어 붙여진 이름이다.
마. 해장떡은 '해장국과 함께 먹었다' 하여 붙여진 이름이다.

① 가, 나, 마　② 가, 나, 다
③ 나, 다, 라　④ 다, 라, 마

정답 ①
해설 오쟁이떡은 작은 보자기나 주머리 형태의 오쟁이처럼 생긴 떡이며, 빙떡은 빙빙 돌려서 만들었다 하여 붙여진 이름이다.

54 **떡과 관련된 내용을 담고 있는 조선시대에 출간된 서적이 아닌 것은?**

① 도문대작　② 음식디미방
③ 임원십육지　④ 이조궁정요리통고

정답 ④
해설 이조궁정요리통고는 1957년에 저술한 책이다.

55 **아이의 장수복록을 축원하는 의미로 돌상에 돌리는 떡으로 틀린 것은?**

① 두텁떡　② 오색송편
③ 수수팥경단　④ 백설기

정답 ①
해설 두텁떡은 왕의 탄신일에 궁중에서 만들어 올린 떡이다.

56 **삼짇날의 절기 떡이 아닌 것은?**

① 진달래화전
② 향애단
③ 쑥떡
④ 유엽병

57 **통과의례에 대한 설명으로 틀린 것은?**

① 사람이 태어나 죽을 때까지 필연적으로 거치게 되는 중요한 의례를 말한다.
② 책례는 어려운 책을 한 권씩 뗄 때마다 이를 축하하고 더욱 학문에 정진하라는 격려의 의미로 행하는 의례이다.
③ 납일은 사람이 살아가는 데 도움을 준 천지만물의 신령에게 음덕을 갚는 의미로 제사를 지내는 날이다.
④ 성년례는 어른으로부터 독립하여 자기의 삶은 자기가 갈무리하라는 책임과 의무를 일깨워주는 의례이다.

58 **떡의 어원에 대한 설명으로 틀린 것은?**

① 차륜병은 수리취절편에 수레바퀴 모양의 문양을 내어 붙여진 이름이다.
② 석탄병에 '맛이 삼키기 안타깝다'는 뜻에서 붙여진 이름이다.
③ 약편은 멥쌀가루에 계피, 천궁, 생강 등 약재를 넣어 붙여진 이름이다.
④ 첨세병은 떡국을 먹음으로써 나이를 하나 더하게 된다는 뜻으로 붙여진 이름이다.

59 **삼복 중에 먹는 절기 떡으로 틀린 것은?**

① 증편 ② 주악
③ 팥경단 ④ 깨찰편

정답 및 해설

56
정답 ④
해설 삼짇날은 음력 3월 3일이며, 유엽병은 4월 초파일의 절식이다.

57
정답 ③
해설 납일은 사람이 살아가는 데 도움을 준 천지신명께 제사를 지내는 날로 통과의례가 아닌 절기 중 하나이다.

58
정답 ③
해설 약편은 멥쌀가루에 대추고와 막걸리를 섞어 시루에 안치고 위에 밤채, 대추채, 석이채를 고명으로 얹어 찐 떡이다.

59
정답 ③
해설 팥은 상하기 쉬우므로 여름철에는 잘 사용하지 않는다.

60 **절기와 절식떡의 연결이 틀린 것은?**

① 정월대보름-약식

② 삼짇날-진달래화전

③ 단오-차륜병

④ 추석-삭일송편

정답 및 해설

정답 ④

해설 삭일송편은 노비송편이라고도 하며 음력 2월 1일 중화절에 만든 떡이다.

2020년도 기출문제

01 혈관 강화작용이 있는 루틴을 함유하고 있는 곡류는?

① 수수 ② 옥수수
③ 메밀 ④ 귀리

02 수수에 대한 설명 중 틀린 것은?

① 탄닌을 함유하고 있어 떫은맛이 강하다.
② 메수수는 오곡밥, 수수경단, 수수부꾸미 등에 이용한다.
③ 수수를 불릴 때 자주 물을 갈아준다.
④ 다른 곡류에 비하여 소화율이 떨어진다.

03 떡의 주재료가 아닌 것은?

① 멥쌀 ② 옥수수
③ 차조 ④ 서리태

04 감자의 싹에 들어 있는 독성 이름은?

① 솔라닌 ② 셉신
③ 얄라핀 ④ 탄닌

05 떡에 추가하는 채소류의 전처리 과정 중 틀린 것은?

① 상추는 끓는 물에 살짝 데쳐 사용한다.
② 대추는 물에 재빨리 씻어 물기를 제거하여 사용한다.
③ 호박고지는 물에 불려서 사용한다.
④ 쑥은 봄에 나오는 어린 쑥을 이용하여 소금이나 소다를 넣고 푸르게 데쳐 사용한다.

정답 및 해설

01 정답 ③
해설 메밀에는 혈관 강화작용이 있는 루틴이 함유되어 있다.

02 정답 ②
해설 오곡밥, 수수경단, 수수부꾸미 등에 사용되는 것은 차수수이다.

03 정답 ④
해설 서리태는 부재료로 사용된다.

04 정답 ①
해설 감자의 싹이나 녹색부분에는 솔라닌이라는 독성성분이 존재한다.

05 정답 ①
해설 상추떡에 넣는 상추는 생으로 작게 뜯어 쌀가루와 섞어 찐다.

06 **쌀 단백질인 것은?**

① 호르데인(hordein) ② 글리시닌(glycinin)
③ 오리제닌(lryzenin) ④ 글리아딘(gliadin)

07 **재료의 계량에 대한 설명으로 틀린 것은?**

① 고체지방은 잘게 잘라 계량컵에 담아 계량한다.
② 액체재료는 투명한 재질의 계량컵의 눈금과 액체의 밑선을 눈과 수평으로 맞춰서 계량한다.
③ 계량단위 1작은술의 부피는 5ml이다.
④ 흑설탕은 계량기구에 눌러 담아 수평으로 깎아서 측정한다.

08 **켜떡이 아닌 것은?**

① 시루떡 ② 찰편
③ 각색편 ④ 색떡

09 **두텁떡을 만들 때 간은 무엇으로 하는가?**

① 정제염 ② 천일염
③ 간장 ④ 된장

10 **복숭아와 살구즙을 넣고 만든 떡은 무엇인가?**

① 도병 ② 도행병
③ 산승 ④ 행병

11 **제례(祭禮)에 올릴 수 없는 고물은?**

① 녹두고물 ② 깨고물
③ 붉은팥고물 ④ 동부고물

정답 및 해설

06 정답 ③
해설 호르데인-보리, 글리시닌-콩, 오리제닌-쌀, 글리아딘-밀

07 정답 ①
해설 고체지방은 부드럽게 되면 계량기구에 눌러 담고 수평으로 깎아서 측정한다.

08 정답 ④
해설 색떡은 여러 가지 색으로 물들여서 찐 설기떡이다.

09 정답 ③
해설 두텁떡의 간은 간장으로 한다.

10 정답 ②
해설 도행병에서 '도'는 복숭아를 뜻하고, '행'은 살구를 뜻한다.

11 정답 ③
해설 붉은색은 귀신을 쫓아내는 의미가 있어 제사상에 사용하지 않는다.

12 다음 체 중에서 가장 고운체는?

① 어레미 ② 도드미
③ 중간체 ④ 깁체

13 미량무기질인 것은?

① 철 ② 칼슘
③ 마그네슘 ④ 인

14 설기떡 만드는 방법으로 틀린 것은?

① 시루에 쌀가루를 안친 뒤 칼금을 넣고 찌면 조각으로 잘 떨어진다.
② 쌀가루를 손으로 살짝 쥐어 펴서 흔들어보았을 때 덩어리가 깨지지 않으면 수분이 적당한 것이다.
③ 시루에 쌀가루를 안칠 때 눌러 안치면 떡이 설익을 수 있다.
④ 쌀가루에 설탕과 물을 한꺼번에 넣고 체에 내린다.

15 켜떡이 아닌 것은?

① 팥시루떡 ② 녹두찰편
③ 잡과병 ④ 석탄병

16 다음은 어떤 떡에 대한 설명인가?

> 「규합총서」
> 햇밤 익은 것, 풋대추 썰고, 좋은 침감 껍질 벗겨 저미고 풋청대콩과 가루에 섞어 꿀 버무려 햇녹두 거피하고 뿌려 찌라.

① 잡과병 ② 신과병
③ 석탄병 ④ 혼돈병

정답 및 해설

12 정답 ④
해설 어레미, 도드미, 깁체, 고운체 순으로 체의 구멍이 작다.

13 정답 ①
해설 칼슘, 인, 마그네슘은 다량무기질이다.

14 정답 ④
해설 쌀가루에 설탕과 물을 한꺼번에 넣고 체에 내리면 설탕이 녹아 쌀가루가 잘 내려지지 않는다.

15 정답 ③
해설 잡과병은 켜떡이 아니라 설기떡이다.

16 정답 ②
해설 잡과병은 멥쌀가루에 여러 가지 과일과 견과류를 섞어 찐 무리떡이고, 석탄병은 멥쌀가루에 감가루, 계핏가루 등을 섞어 녹두고물을 얹어 찐 떡이며, 혼돈병은 찹쌀가루에 승검초가루, 계핏가루, 황률, 대추 등 여러 가지 재료를 넣어 찐 떡이다.

17 **가래떡에 대한 설명으로 틀린 것은?**

① 멥쌀, 물, 소금을 넣어 만든다.
② 길게 밀어 만들어서 백국이라고도 부른다.
③ 가래떡을 하루 말려 썰어서 떡국떡을 만든다.
④ 순수하고 명이 길고 부를 누리기를 바라는 의미가 있다.

18 **인절미 만드는 순서로 옳은 것은?**

① 쌀 찌기-양념하기-성형하기-고물 묻히기
② 쌀 찌기-성형하기-고물 묻히기-자르기
③ 쌀가루 만들기-찌기-펀칭하기-자르기-고물 묻히기
④ 쌀가루 만들기-익반죽하기-찌기-성형하기-고물 묻히기

19 **떡 제조공정에 사용되는 기계가 맞게 연결된 것은?**

① 성형-펀칭기 ② 쌀 씻기-쌀가루 분리기
③ 쌀분쇄-롤러밀 ④ 치기-제병기

20 **가래떡에 대한 설명 중 틀린 것은?**

① 권모(拳摸)라고도 했다.
② 하루 정도 말려 엽전 모양으로 썰어 떡국에 사용한다.
③ 찹쌀가루를 쪄서 친 도병이다.
④ 흰떡, 백병이라고도 한다.

21 **가래떡 성형할 때 사용되는 기구는?**

① 제병기 ② 펀칭기
③ 떡살 ④ 롤러밀

22 **곡물을 찧거나 빻을 때 쓰는 도구가 아닌 것은?**

① 맷돌 ② 조리
③ 방아 ④ 절구

정답 및 해설

17 정답 ②
해설 가래떡은 흰떡 또는 백병이라 불린다.

18 정답 ③
해설 인절미는 찹쌀이나 찹쌀가루를 찐 후 절구에 찧어서 잘라 고물을 묻힌다.

19 정답 ③
해설 성형-제병기, 쌀 씻기-쌀 세척기, 치기-펀칭기

20 정답 ③
해설 가래떡은 멥쌀가루를 쪄서 찐 후에 둥글고 길게 만든 떡이다.

21 정답 ①
해설 제병기는 가래떡이나 절편 등을 뽑아내는 성형기이다.

22 정답 ②
해설 조리는 쌀 등 곡식의 돌을 거르는 데 사용되는 도구이다.

23 쇠머리찰떡의 설명으로 맞는 것은?

① 전라도에서 즐겨 먹는 떡이다.
② 쇠머리고기를 넣고 만든 떡이다.
③ 모두배기 또는 모듬백이떡이라고 불린다.
④ 멥쌀가루에 검정콩 등을 넣고 찐 떡이다.

24 떡의 제조과정에 대한 설명 중 틀린 것은?

① 단자는 찹쌀가루를 삶거나 쪄서 익혀 꽈리가 일도록 친 다음 고물을 입힌다.
② 찹쌀가루는 물을 조금만 넣어도 질어지므로 주의한다.
③ 송편은 찹쌀가루를 익반죽해서 콩, 깨, 밤, 팥 등의 소를 넣고 빚어서 찐 떡이다.
④ 떡을 익반죽할 때는 뜨거운 물을 조금씩 넣어가며 반죽한다.

25 떡의 명칭과 재료의 연결이 틀린 것은?

① 서여향병-더덕 ② 상실병-도토리
③ 청애병-쑥 ④ 남방감저병-고구마

26 인절미를 칠 때 사용되는 도구가 아닌 것은?

① 절구 ② 떡메
③ 안반 ④ 떡살

27 팥을 삶을 때 첫물을 버리는 이유는?

① 색의 농도를 조절하기 위해
② 비린 맛을 제거하기 위해
③ 설사를 유발시키는 성분을 제거하기 위해
④ 잘 무르게 하기 위해

정답 및 해설

정답 ③
해설 쇠머리떡은 찹쌀가루에 밤, 대추 등을 넣고 찐 떡으로 충청도 지방의 향토떡이며, 경상도에서는 모듬백이로 불린다. 쇠머리편육 모양과 비슷하다고 하여 붙여진 이름이다.

정답 ③
해설 송편은 멥쌀가루를 익반죽하여 소를 넣고 빚어서 찐 떡이다.

정답 ①
해설 서여향병은 마를 쪄서 꿀에 담갔다가 찹쌀가루를 입혀 지진 떡이다.

정답 ④
해설 떡살은 떡에 문양을 낼 때 사용하는 도구이다.

정답 ③
해설 팥에 들어 있는 사포닌은 장을 자극하여 설사의 원인이 되기도 한다.

28 **인절미의 재료가 아닌 것은?**

① 찹쌀　② 흑임자가루
③ 멥쌀　④ 콩가루

29 **치는 떡인 것은?**

① 쑥개떡　② 개피떡
③ 잣구리　④ 주악

30 **발색제 중 같은 색끼리 잘못 묶은 것은?**

① 백년초, 비트　② 석이버섯, 흑임자
③ 송홧가루, 울금　④ 승검초, 도토리

31 **노화에 대한 설명으로 틀린 것은?**

① 0~4℃에서 떡의 노화가 촉진된다.
② 아밀로펙틴 함량이 증가할수록 노화가 촉진된다.
③ 쑥, 호박, 무 등의 부재료는 떡의 노화를 지연시킨다.
④ 멥쌀로 만든 떡보다 찹쌀로 만든 떡이 노화가 느리다.

32 **떡의 노화가 가장 빨리 일어나는 보관방법은?**

① 냉장실 보관　② 냉동실 보관
③ 전기보온밥솥 보관　④ 실온보관

33 **떡 포장재로 주로 사용하는 것은?**

① 폴리에틸렌　② 폴리프로필렌
③ 폴리스티렌　④ 알루미늄

34 **떡 포장할 때 기능으로 틀린 것은?**

① 안전성　② 향미증진
③ 정보성　④ 보호성

정답 및 해설

28 정답 ③
해설 인절미는 찹쌀 또는 찹쌀가루로 만든다.

29 정답 ②
해설 쑥개떡-찌는 떡, 잣구리-삶는 떡, 주악-지지는 떡

30 정답 ④
해설 승검초는 녹색을, 도토리는 갈색을 낸다.

31 정답 ②
해설 아밀로오스 함량이 증가할수록 노화가 촉진된다.

32 정답 ①
해설 떡의 노화는 0~4℃인 냉장온도에서 가장 빨리 일어난다.

33 정답 ①
해설 폴리에틸렌(PE)은 포장재로 많이 사용된다.

34 정답 ②
해설 떡 포장할 때 기능은 보호성, 안전성, 정보성, 상품성, 경제성 등이다.

35 떡류 포장 시 제품표시 사항이 아닌 것은?

① 유통기한
② 제품명, 내용량 및 원재료명
③ 용기 및 포장재질
④ 영업소의 대표자명

36 식품 변질의 요인이 아닌 것은?

① 온도 ② 압력
③ 산소 ④ 효소

37 조리장 작업환경으로 틀린 것은?

① 조리장 조명은 150럭스를 유지한다.
② 조리장 안에는 조리시설, 세척시설, 폐기물 용기 및 손 씻는 시설을 각각 설치하여야 한다.
③ 조리장 바닥에 배수구가 있는 경우에는 덮개를 설치하여야 한다.
④ 폐기물 용기는 내수성 재질로 된 것이어야 한다.

38 바이러스 감염병이 아닌 것은?

① 소아마비 ② 천열
③ 홍역 ④ 결핵

39 식중독 중 잠복기가 가장 짧고 엔테로톡신 독소를 생성하는 균은?

① 보툴리누스균
② 황색포도상구균
③ 석탄산브리오균
④ 살모넬라균

정답 및 해설

35
정답 ④
해설 포장 시 제품표시 사항은 유통기한, 제품명 내용량 및 원재료명, 용기 및 포장재질, 영업소의 명칭 및 소재지이다.

36
정답 ②
해설 미생물 증식에 영향을 주는 요인은 영양소, 수분, 온도, 산소, pH 등이며, 변질의 원인은 미생물, 효소반응, 화학반응, 물리적 반응 등이다.

37
정답 ①
해설 조리장 조명은 220럭스를 유지하여야 한다.

38
정답 ④
해설 결핵은 세균에 의한 감염병이다.

39
정답 ②
해설 황색포도상구균은 잠복기가 1~6시간으로 가장 짧다.

40 **바닷물에서 잘 증식하는 호염균에 의한 식중독은?**

① 캠필로박터 식중독
② 장염비브리오 식중독
③ 황색포도상구균
④ 살모넬라 식중독

41 **세균에 의한 감염병이 아닌 것은?**

① 결핵 ② 콜레라
③ 장티푸스 ④ 홍역

42 **손소독에 대한 설명으로 틀린 것은?**

① 승홍수용액 0.1%를 사용한다.
② 역성비누 수용액 10%를 사용한다.
③ 에틸알코올 95%를 사용한다.
④ 손을 씻을 때는 흐르는 따뜻한 물에 씻는다.

43 **물이 함유하고 있는 유기물질과 정수과정에서 살균제로 사용되는 염소가 서로 반응하여 생성되는 발암성 물질인 것은?**

① 트리할로메탄 ② 아플라톡신
③ 트리메틸아민 ④ 니트로소아민

44 **베로독소를 형성하여 설사, 혈변을 일으키고 용혈요독증후군을 유발하는 대장균은?**

① 장관독소원성 대장균
② 장관침습성 대장균
③ 장관출혈성 대장균
④ 장관병원성 대장균

정답 및 해설

정답 ②
해설 장염비브리오균은 바닷물에서 잘 증식하는 호염균이다.

정답 ④
해설 홍역은 바이러스에 의한 감염병이다.

정답 ③
해설 에틸알코올 70%를 사용한다.

정답 ①
해설 물이 함유하고 있는 유기물질과 정수과정에서 살균제로 사용되는 염소가 서로 반응하여 생성되는 발암성 물질은 트리할로메탄이다.

정답 ③
해설 장관출혈성 대장균은 설사, 혈변을 일으키고 요독증, 빈혈, 신장병 등으로 악화될 수 있다. 감염된 소로 만들어진 소시지, 생우유, 치즈 등으로 감염된다.

45 경구감염병과 세균성 식중독의 설명으로 틀린 것은?

① 경구감염병의 독이 더 독하다.
② 경구감염병은 다량의 독으로 감염된다.
③ 식중독은 면역성이 없다.
④ 식중독은 잠복기가 짧은 편이다.

정답 및 해설

정답 ②
해설 경구감염병은 소량의 균으로도 발병 가능하다.

46 다음 중 법랑제품이나 도자기의 유약성분으로 이타이이타이병을 유발하는 유해물질은?

① 수은 ② 주석
③ 비소 ④ 카드뮴

정답 ④
해설 수은-미나마타병
주석-통조림 내부도금
비소-방부제, 살충제원료

47 다음 중 HACCP을 수행하는 단계에 있어서 가장 먼저 실시하는 것은?

① 중점관리점 규명
② 관리기준의 설정
③ 기록유지방법의 설정
④ 식품의 위해요소를 분석

정답 ④
해설 HACCP 수행단계에서 가장 먼저 실시하는 것은 식품의 모든 위해요소를 분석하는 것이다.

48 신경독소인 뉴로톡신을 생성하며 잠복기가 가장 긴 식중독은?

① 보툴리누스균 식중독
② 황색포도상구균 식중독
③ 살모넬라 식중독
④ 장염비브리오 식중독

정답 ①
해설 보툴리누스균은 뉴로톡신을 생성하며, 병조림, 통조림 등 진공포장 식품에서 주로 발생한다.

49 HACCP 원칙에 포함이 안 되는 것은?

① 모든 잠재적 위해요소를 분석
② 중요관리점의 한계기준 설정
③ 제품 설명서 작성
④ 기록유지 및 문서화 절차 확립

정답 ③
해설 제품설명서 작성은 HACCP 원칙이 아니라 HACCP 적용 준비단계에 해당된다.

50 **혼례의식 중 납폐일에 신랑집에서 신부집으로 함을 보낼 때 신부집에서 만드는 떡은?**

① 석탄병　② 약식
③ 봉치떡　④ 두텁떡

51 **떡을 고여서 높이 쌓는 상은?**

① 고임상　② 입맷상
③ 교자상　④ 다과상

52 **고임떡에 웃기로 사용되지 않는 떡은?**

① 각색단자　② 화전
③ 각색주악　④ 각색편

53 **고려시대 떡 종류가 아닌 것은?**

① 청애병　② 율고
③ 상화병　④ 토란병

54 **고려시대 떡이 언급된 저서가 아닌 것은?**

① 도문대작　② 해동역사
③ 목은집　④ 지봉유설

55 **혼례와 관련 없는 떡은?**

① 봉치떡　② 인절미
③ 달떡　④ 오색송편

정답 및 해설

50
정답 ③
해설 납폐일에 신부집에서 만드는 떡은 봉치떡 또는 봉채떡이다.

51
정답 ①
해설 고임상은 잔치 때 과일이나 떡, 한과 등의 음식을 높이 괴어 올려 차린 상이다.

52
정답 ④
해설 웃기떡은 주로 화전, 부꾸미, 주악, 단자 등이 사용된다.

53
정답 ④
해설 청애병-지봉유설, 율고-해동역사, 상화병-고려가요

54
정답 ①
해설 도문대작은 1611년 허균이 소개한 책이며, 우리나라 식품전문서로 가장 오래된 책이다.

55
정답 ④
해설 오색송편은 주로 백일, 돌, 책례 때 만든다.

56 **지역별 떡의 종류가 바르게 연결되지 않은 것은?**

① 경상도-쑥굴레, 상주설기, 모싯잎송편
② 경기도-여주산병, 개성우메기, 조랭이떡
③ 강원도-감자시루떡, 우무송편, 방울증편
④ 충청도-쇠머리떡, 곤떡, 수수도가니

57 **다음 중 발효시킨 떡이 아닌 것은?**

① 상화병　② 재증병
③ 증편　④ 기주떡

58 **절기와 절식 떡의 연결이 틀린 것은?**

① 단오-차륜병　② 정월대보름-약식
③ 초파일-떡수단　④ 중양절-국화전

59 **서속떡의 이름과 관련된 곡물은?**

① 보리와 콩　② 메밀과 귀리
③ 기장과 조　④ 팥과 수수

60 **봉치떡(봉채떡)에 대한 설명으로 틀린 것은?**

① 찹쌀가루로 만든다.
② 1단으로 켜를 만든다.
③ 시루에 찌는 떡이다.
④ 신부집에서 만든다.

정답 및 해설

56 정답 ④
해설 수수도가니는 경기도 향토떡이다.

57 정답 ②
해설 재증병은 멥쌀가루로 만든 떡으로 두 번 찌는 떡이라는 뜻이다.

58 정답 ③
해설 초파일에는 느티떡을 만들었으며, 떡수단은 유두일의 절식이다.

59 정답 ③
해설 서속은 기장과 조를 의미한다.

60 정답 ②
해설 봉치떡은 찹쌀시루떡을 두 켜만 안치고 맨 위에 대추와 밤을 올려 찐 떡이다.

참고문헌

국가공인 떡제조기능사, 임점희 · 박진희, 크라운출판사, 2021

기초영양학, 장유경 · 박혜련 · 변기원 · 이보경 · 권종숙, 교문사, 2013

떡제조기능사, (사)한국전통음식연구소, 지구문화사, 2021

떡제조기능사, 방지현, ㈜시대고시기획, 2021

NCS 교육과정에 기반한 한식기초조리실무, 이미정 · 부경여, 백산출판사, 2018

유튜버 sora TV의 떡제조기능사 필기, 김은정, 인성재단, 2020

2021 에듀윌 떡제조기능사 필기+실기 한권끝장, 문혜자 · 김애숙 · 강승희, 에듀윌, 2021

이해하기 쉬운 조리과학, 송태희 · 우인애 · 손정우 · 오세인 · 신승미, ㈜교문사, 2014

조리의 기초영양학, 김숙희, 대왕사, 2013

한국음식대관 1권, 한국문화재보호재단, 예맥출판사, 1997

한국음식대관 4권, 한국문화재보호재단, 예맥출판사, 1997

한국의 음식용어, 윤서석, 민음사, 1995

한국의 전통음식, 황혜성 · 한복려 · 한복진, 교문사, 2003

저자약력

이 미 정

중앙대학교 이학박사
(사)궁중음식연구원 궁중음식 정규반과정 수료
(사)궁중음식연구원 한과연구반과정 수료
(사)궁중음식연구원 폐백, 이바지 단기과정 수료
로마소재, IPSSAR "Pellegrino Artusi" 요리전문학교 수료
중화인민공화국 인력자원과 사회보장부 다예고급, 심평고급 자격증
(현) 제주한라대학교 호텔조리과 교수

부 경 여

한식조리기능장
제주대학교 식품영양학과 석사과정 수료
(사)한국전통음식연구소 떡 · 한과 · 궁중음식 · 폐백 · 이바지 정규과정 수료
(현) 한라외식창업 경영컨설팅 대표
(현) 제주한라대학교 호텔조리과 강사

저자와의
합의하에
인지첩부
생략

떡제조기능사 필기 · 실기

2022년 8월 29일 초 판 1쇄 발행
2024년 5월 31일 제2판 1쇄 발행

지은이 이미정 · 부경여
펴낸이 진욱상
펴낸곳 (주)백산출판사
교 정 박시내
본문디자인 신화정
표지디자인 오정은

등 록 2017년 5월 29일 제406-2017-000058호
주 소 경기도 파주시 회동길 370(백산빌딩 3층)
전 화 02-914-1621(代)
팩 스 031-955-9911
이메일 edit@ibaeksan.kr
홈페이지 www.ibaeksan.kr

ISBN 979-11-6567-854-8 13590
값 29,000원

- 파본은 구입하신 서점에서 교환해 드립니다.
- 저작권법에 의해 보호를 받는 저작물이므로 무단전재와 복제를 금합니다.